家居创意设计精选

厨房·餐厅设计600例

家居创意编委会 编著

本书按餐厨空间的多种风格分门别类，用专业的餐厨空间设计理念，结合具体的餐厨空间布置案例，多方位对餐厨布置进行详尽的点评与阐述，使广大读者能找到适合自己的餐厨空间风格，并能够很好地掌握装饰要点，帮助读者营造出满意的餐厨环境。

本书适合室内设计专业人士参考使用，也可以作为正在装修或对室内装饰有兴趣的业主的参考用书。

图书在版编目（CIP）数据

厨房·餐厅设计600例/家居创意编委会编著. — 北京 ：机械工业出版社，2013.4
（家居创意设计精选）
ISBN 978-7-111-44141-0

Ⅰ.①厨… Ⅱ.①家… Ⅲ.①厨房-室内装修-建筑设计-图集 ②住宅-餐厅-室内装修-建筑设计-图集 Ⅳ.①TU767-64

中国版本图书馆CIP数据核字（2013）第225083号

机械工业出版社（北京市百万庄大街22号 邮政编码 100037）
策划编辑：张大勇 责任编辑：张大勇 版式设计：数码创意
责任校对：白秀君 封面设计：数码创意
责任印制：李 洋
北京新华印刷有限公司印刷（装订）
2017年1月第1版第1次印刷
210mm×188mm · 12印张 · 371千字
标准书号：ISBN 978-7-111-44141-0
定 价：55.00元

凡购本书，如有缺页、倒页、脱页，由本社发行部调换
电话服务 网络服务
服务咨询热线：（010）88361066 机 工 官 网：www.cmpbook.com
读者购书热线：（010）68326294 机 工 官 博：weibo.com/cmp1952
（010）88379203 金 书 网：www.golden-book.com
封面无防伪标均为盗版 教育服务网：www.cmpedu.com

PREFACE 前言

随着人们生活水平的不断提高，对居住环境的要求也变得越来越高了，人们对居住空间的要求不再是简单地满足于日常生活的物质层面，而是对居住空间的内涵和品位有了更多的要求，所以作为家装参考资料的家居类书籍非常畅销，针对目前的市场需求，我们走访了大量的家装企业和用户，参考了各种户型的样板房，结合我们的工作实践，本着实用、美观、舒适的原则，编写了这套“家居创意设计精选”丛书。对于现代家庭来说，富有创意的设计和构思才能够真正彰显空间的魅力和业主的个性。

本书从装饰风格的角度出发，将餐厨空间分为六章，分别是温馨纯净、明艳华丽、中式韵味、欧式复古、时尚典雅、风格混搭，全书精选了600张最新的精彩案例，每个案例都配有实用的文字点评，详细介绍案例的精彩之处，以满足读者们在餐厨装饰时的参考需求。充满空间设计感和强大的实用功能是这些空间案例的主要特色，精辟的阐述可以让读者对案例的设计亮点一目了然，轻松获得直观的参考信息，让人们在装修房子时，找到空间布置的灵感和思路。

本书内容全面，印刷精美，融知识性、实用性为一体，不仅可供普通读者在装修时参考，同时对于专业人员来说亦具有一定的启发作用。本书可以让读者领略创意家居设计的精髓，体味细微手法的运用，并配有精辟的文字说明，全实景实例拍摄，呈现出顶尖设计师多元的经典作品，全部完整案例的精彩展现，诠释了风格设计的真正内涵。

本书精选的案例都是资深室内设计师最新的设计作品，以新颖的设计和多样化的风格取胜。本书力图打造出最丰富的家装空间图片大全，以供装修公司、设计师和业主借鉴参考。

参加本书编写的包括：汪洋、汪美玲、何玲、戴红英、吴羡、殷梦君、杨留斌、安良发、丁海关、赵转凤、李倪、马丽、安小琴、樊媛超、安雪梅、谢俊杰、杨威、何佳、赵道胜、程艳、汪起来、赵云、胡文涛、易娟、赵道强、李影、李红、赵丹华、杨景云、周梦颖、戴珍、刘海玉等。由于作者水平有限，时间仓促，书中难免有疏漏之处，恳请广大读者朋友给予批评指正。若读者有技术或其他问题可通过邮箱xzhd2008@sina.com和我们联系。

CONTENTS 目录↘

第一章　温馨纯净

在餐厨空间的设计风格里，亲近自然、贴近生活本源、温馨和谐的装饰风格是比较受人们的热烈追捧的。那究竟怎样才能营造出温馨舒适、自然纯净的餐厨空间，让人们在享受自然、健康、充满趣味性的美好生活的同时，又能最大限度地释放压力呢？现在设计师来给大家支招了。

001

橘黄色营造了空间的温馨舒适感

大面积的淡橘黄色带来的舒适感有助于释放身心的压力，暖色的防滑彩砖和相同色系的实木桌椅使空间有很强的整体感，而明亮的室外光为整个空间带来一丝自然的灵动感，沁人心脾。

002

白色搭配米色 厨房更显洁净、雅致

米色的橱柜散发出一种温和的气息，再加上橱柜的内侧和台面大面积白色的使用，营造出另外一种氛围——温暖不失精致，亲切不失清爽。

003

金属质感厨具 体现屋主的时尚

暖色橱柜、金属质感的冰箱和烤箱在自然光的映射下，流淌出灵动、自然、时尚的色彩，屋主喜爱的红色厨具更体现出其温馨时尚的生活品味。

带有海蓝色餐桌的纯净空间

橱柜造型简约、色彩明净淡雅，在原本静谧、淡雅的餐厨空间中，海蓝色餐桌的注入，给人带来了一份如海风般自然清爽的感受。

小窗是此设计的一处妙用

厨房本来就是一个劳动并充分享受劳动过程的小天地，一般情况下，窗户的设计主要是便于室内采光、吸纳新鲜空气，“忙里偷闲”，此处的小窗可以使人在忙碌时，一瞥窗外的风景，边忙碌边领略清新自然的绿色田园带来的惬意，屋主定会乐此不疲。

吊灯的浪漫时尚感

落地式橱窗隔断和造型优雅、质感温馨的吊灯设计，点缀了一个充满浪漫气息和现代感的餐厅。

009

简约玲珑的白色餐椅

白色餐椅优美的弧线造型，能够打破厨具造型的直线呆板，墙壁大面积的自然色和小巧的装饰画分别起到平衡空间色彩和重量感的作用。

007

半开放式墙面柜的巧妙布局

在单纯的色彩空间里，铁艺的厨房挂架、半开放式柜子的布局合理地利用了空间，并且挂钟、黑色铁艺挂架、玻璃杯等物件为厨房增添了精致和细腻感。

餐桌椅的聚拢呈现了空间的美感

圆形实木餐桌和软包粉绿色实木椅子在餐厅的聚拢式布置，更加映衬了空间的开阔，带给人和谐、清凉、自然古朴的视觉美感和聚散对比明显的空间美感。

010

有意营造空间的层次感

在开放式餐厅中，用同样色系的色彩搭配创造了和谐的就餐氛围，餐桌椅、落地窗帘的造型简约、流畅，搭配自然风格的地砖，巧妙运用多种材质创造空间的层次感，白色阳台起到延伸视线的作用。

O11 **软包餐椅的妙用**

红色实木的餐桌搭配软包的实木椅，既增加了餐椅的舒适度，还带给了空间明确的层次感，使环境更加和谐、舒适。

O12 **镀金装饰球增添了华丽**

简约、实用的原木餐桌椅，精致的餐具和玻璃器皿，尤其是金色装饰品，营造出高品位的生活。

O13 **水晶吊灯为一大亮点**

华美的灯饰最容易营造浪漫温馨的氛围，在低纯度色彩风格的餐厨里，不用担心它太抢眼。

014

015

014

餐厨的实用性

空间布局丰富饱满，原木色的架子上分层摆放着餐具和烹饪用品，共用式餐桌和红色的墙壁，体现了屋主活泼热情、时尚浪漫的特点。

015

营造幽静温馨感重在窗帘

在幽静深邃的餐厅里，壁灯、金属材质的椅脚，使就餐环境浪漫温馨而富有现代感，深咖色窗帘的布置更好烘托出环境的幽静感。

水果点缀空间

厚实的实木橱柜和米白色台面，除了耐用和雅致之外，也为空间增添了温馨的自然气息，新鲜的水果为厨房增添了氧气和趣味性，令空间格调雅致而又灵动自然。

橙色墙壁烘托空间、温暖主题

封闭式厨房给人整洁、完美的视觉享受，不锈钢餐具、细腻的玻璃制品以及餐桌台面上摆放的橘子等，使整个空间在温馨的格调下，散发出细腻精致的质感。

原木肌理、裸露墙砖的自然随性主题

设计师利用房屋本身的布局特点，特意将部分墙面的墙砖露出，打造成自然破旧的感觉，实木餐桌椅丰富的肌理变化与自然色实木地板，共同营造了自然随性的餐厅风格。

豪华灯饰的布置

素雅花纹团的窗帘、白色桌布、温馨雅致的插花，使得餐厅有种纯净、低调的美感，圆柱形金属吊灯的出现打破了原有的沉寂，为餐厅营造了低调华丽的氛围。

021

银灰色墙面装点出稳重感

浅绿色橱柜非常温和，充满着清新感，银灰色墙壁、不锈钢金属厨具与黑色台面的搭配，令空间弥漫着时尚与稳重的美感。

植物点缀了清新的空间

白色最容易营造空间纯净的美感，设计师在精心布置餐桌椅和橱柜的同时，不忘利用绿色盆栽和插花做点缀，增添了空间的自然清新感和活力。

透亮的光感贯穿整个空间

光线充足的地方，让人心旷神怡。在此餐厨空间的设计中，光亮是一大特色，在光的作用下，混搭风格的餐桌椅、带斑点的地砖都散发着舒适浪漫的气息，浅绿色的植物独具活力和跳跃感。

023

一派清爽自然的景象映入眼帘

窗外蔚蓝色的海景给人全新的视觉享受，引人无限遐想，设计师用深色的木质地板配搭洁净无瑕的墙壁和淡黄色的餐椅，简单明快；用玩具、花朵搭配精细的茶具，温和细腻。

022

023

024

工艺品的特色装饰

餐厅的整体色调和谐一致，白瓷工艺品、艺术插瓶的摆放，透露出屋主精致、时尚的艺术品位；蓝色磨砂玻璃门的设置，营造了纯净和清新感。

植物的装饰丰富了空间表情

纯白的橱柜在原木地板的搭配下，多了一份温馨感，餐桌椅造型独特简约，彰显个性；藤蔓类绿色植物、玻璃插花、不锈钢杯的摆放充实了空间的表情，使其丰富、活泼。

田园清新的时尚餐厨

米白色的地板与白色的餐厨和墙壁构造出和谐、纯净的美感，利用红色墙砖展现了自然随性的生活理念；木格子里清新的植物和鹅卵石充满了生活情趣。

027

质感突出的地毯

在各种材质混合的空间里，羊羔绒的地毯成为一个抢眼的角色；带有明亮的落地窗的空间里，处处洋溢着温馨、舒适、自然懒散的气氛。

027

028

百叶窗的设计布局

从空间的角度上来看，百叶窗使餐厅和另一空间的区域变得通透，尤其是在空间狭小的餐厅里，将叶片调节成水平状，两个区域的视线可以彼此相通。

隔断式设计丰富空间层次

蓝灰色的橱柜台面、金属色的抽油烟机，使厨房别具时尚特色；厨房与室内阳台间的隔断设计，增强了空间的层次感，带给人“柳暗花明又一村”的新颖感受。

简约述说空间品位

封闭式橱柜可以避免搁置在橱柜中的餐具上满布灰尘，也可以将餐具等收纳其中，在视觉上带给人清静的感受，非常简洁。

墙砖和地砖的设计

白色系的空间里，橱柜的设计与八角墙砖和防滑八角地砖相映成趣，使纯净的餐橱空间里显现出浪漫和活力。

032

层次感分明、突出的设计

栗色木质地板与白色的橱柜形成鲜明的对比，淡黄色柜面墙渲染出温馨的暖意，空间层次感分明，流露出屋主喜欢纯净质朴的空间布置。

033

高脚杯呈现高雅气质

空间呈现出高雅的米黄色调，虽然没有过于华丽耀眼的装饰物来装扮，但是精致的高脚杯也可以成为营造氛围的重要装饰。

034

镜子在视觉上放大了空间范围

在空间形态狭长的餐厨设计中，很多设计师都不忘使用镜子装饰墙壁，从而起到放大空间的作用，镜子对室内光线的采集也起到很大的作用。

035

一片田园景象

本案中设计师用多种材质和元素，装点了一个富有生机、自然亲切的田园式餐厨，多元化的搭配，令空间妙趣横生。

036

餐桌延伸视觉空间

餐桌椅的造型别具一格，长形的实木餐桌的摆放，在视觉上弥补了空间的空洞感，这样的就餐环境能让人心胸开敞；淡黄色的墙面增加了空间的愉悦氛围。

036

039

白色空间的装饰

餐厨空间使用白色系装饰会使空间看起来非常整洁、干净。在此设计中，厨房的地板和台面都是使用原木色的板材装饰，有种自然古朴的风味。

037

编织装饰的餐椅

橱柜设计突出实用的特点，橱柜上摆放的绿色植物与编织装饰的餐椅相呼应，营造出自然、随和的氛围；大理石材质的台面光洁耐用、质地坚硬。

038

鱼缸柜子为空间带来诸多氧气

橱柜上繁琐细密的装饰让空间显得十分紧凑，同色系鱼缸柜子的搭配，一方面合乎环境整体的氛围，另一方面又带给环境不少的新鲜氧气；在沙黄色的桌布的映衬下，餐桌的插花显得十分温馨雅致。

040

041

042

挂画引导人的视线

具有厚重感的实木椅子加上悬挂半空的吊灯在绿色食物的陪衬下，空间略显拥挤，而墙面上的挂画起到很好的引导视线的作用，能让人把焦点从拥挤的餐桌上转移到墙面上去。

041

珊瑚色的墙壁令花香四溢

设计师运用珊瑚色墙壁很好地营造了暖色调的空间。其中，晶莹剔透的高脚杯、安静雅致的橘子与温馨感十足的黄色、鲜与稳重的台面形成对比，仿佛能够嗅到鲜花儿的芳香。

042

软包餐椅和地毯散发浓厚的温馨感

整个空间在明亮的光线下，散发出浓浓的温馨舒适感。华丽的吊灯、雅致的挂画增强了空间的美感，绿色的植物为空间带来一丝清爽的凉意。

043

手工编织物提升空间的田园气息

设计师运用多种手工制品，烘托屋主自然随性、注重生活情趣的个性。鹅卵石的水中植物、玻璃细瓶插花、编织垫、编制框等，与原木色餐桌、橱柜，共同抒写了田园风味的餐厨风格。

043

044

餐桌椅装点时尚餐厨

造型简约、材质新颖的餐桌椅很抢眼。设计师在墙壁的装饰中，采用灰色石质墙壁，创造了时尚大方而又不失温和典雅的餐厨环境。

045

材质混搭演绎浪漫气息

餐桌和餐椅所使用的材质、色彩差别很大，墙壁用大块儿的浅蓝色营造与餐椅的鲜明对比，这些都被设计师安排在色彩一致的墙面和地面的环境中，和谐之中存在对比，美感就会出现。

046

餐具凝结着时尚优雅

设计师利用棕色装饰品、靠包以及餐布，营造一种稳重优雅的氛围。精致的高脚杯和餐具同样传递着屋主的时尚气息，洁白的沙发和鲜花，散发着高雅的气质，别具一格。

留出一片墙来“说话”

用带有钟表装置的多功能木质板(留言板、记事板、收纳板）布置在餐桌椅的墙壁上，在这个温馨惬意的环境里，更好地记录生活的点点滴滴。

048

049 050

048

炊具、灶具、花篮等丰富了空间内容

在浅黄色主题的空间中，银色、黑色厨灶除了带给人时尚感外，花篮也显现出屋主的田园趣味，丰富了空间的颜色；中式抽烟机的设计节省空间，又突出了功能性特点。

营造明净、富有层次感的空间

在实现明亮空间的过程中，白色色调最容易产生通透感，使餐厨空间非常明净。在此例餐厨设计中，设计师不忘用微妙的色差营造空间的层次感，用壁灯、高脚椅等丰富空间的元素。

橘红色台面彰显厨房的活力

橘红色的台面在肌理效果上，具有一定的动感，与银色不锈钢厨具的时尚感相呼应，在暖色调的空间里散发出一股青春的活力。

简约主题厨房

具有纯净、简约气质的空间，在色彩上的要求是以同色系的色彩为基调。设计师使用绿色水果、不锈钢热水杯、红色饰物等，丰富了空间色彩。

052

打造室外个性餐厅

室外餐厅可以合理利用阳台上的广阔空间，本案设计个性浪漫，让人倍感惬意舒适；玻璃餐桌塑造出清澈、纯净的空间，与玻璃反射物共同反映出自然美。

053

心旷神怡的餐厅布置

白色的墙壁和橱柜相统一，餐桌椅的颜色、材质与地板的颜色、材质和谐统一；绿色植物的摆放展现了清新纯净的主题；明亮的落地窗，体现了主人亲近自然、自由和谐的生活理念，共同营造出一个惬意、明净的居所。

054

妙不可言的小物件

在纯净的白色的笼罩下，餐厨环境显得简单干净，但经过仔细观察，你就会发现，还有诸多亮点——台面上、窗台上、收纳格子里都安静地摆放着精巧的小物件，或轻盈明快、或细腻精致、或随性自然。

055

056

057

055

暗红色的墙壁装饰

深咖色的橱柜和白色的台面搭配，典雅中透露着时尚；金属质感的抽烟机在深红色墙壁瓷砖的衬托下更显现其亮丽的光泽，台面上精致的小瓷器精致透亮，十分养眼。

056

红色地板装饰的纯净空间

欧式的餐桌椅和收纳柜子在红色地板的陪衬下十分洁净醒目；白色的石膏顶造型将餐厅与客厅的空间区域划分开来，华丽的吊灯装饰为欧式餐厅增加了奢华、复古的感觉。

057

蓝色玻璃瓷的墙壁装饰

在明亮的餐厅里，钴蓝色的橱柜搭配白色的台面十分靓丽，淡蓝色的玻璃瓷装饰墙壁使空间变得有灵动、活跃感。

058

白色花朵装饰的厨房

蓝灰色的墙壁与橱柜的白色搭配形成一种素雅的格调；原木肌理的台面与插有白色花卉的玻璃瓶形成了雅致、清新的氛围。

058

纯净复古的餐厅布置

本案空间的布置突出了白色橱柜的优雅格调，搭配复古格子地砖十分雅致，营造了一个纯净、优雅、复古的厨房空间，体现屋主对白色纯净空间的喜爱。

朱红色花朵装饰的餐厅空间

带有手工编织特色的原木餐椅和餐桌，在同色系地板的装饰下，显得温馨雅致；桌面上的朱红色的鲜花成为空间最亮眼的装饰品，为温馨纯净的空间增添了趣味。

布艺纹样的华丽吊灯

纯白的餐桌椅、餐具、纱窗等，共同营造了一个温馨的餐厅环境。深红色窗帘与金黄色布艺纹样的吊灯搭配，彰显了富贵华丽的气质；高脚杯体现了主人精致的生活品味。

062

白色装饰的纯净空间

餐桌椅的造型简约而别致，白色的餐桌布和软包装饰的餐椅在肉色地板的映衬下显得十分雅致，透明的白色纱窗与深红色的窗帘给人带来浓郁的浪漫感。

063

064

065

照片墙的布置加强了空间的透视感

这个餐厨空间具有狭长的特点，橱柜的线性设计以及餐桌椅的布置，充分利用了狭长空间的特点；照片在墙壁上的横向排列，加深了空间的纵深感。

优雅纯净的餐厅环境

黑色的实木餐桌搭配灰色绒面的餐椅显得优雅沉稳；白色的墙壁在暖光的映射下，散发出微微的温馨感，餐厅中央排列整齐的吊灯富有美感。

温馨的原木色空间

餐椅的造型简约、时尚，吊灯的设计新颖独特，暖色的灯光和原木色的餐桌椅为空间塑造了温馨感，装饰画、餐具、水果盘等体现出主人的精致和细腻。

钴蓝色餐椅的纯净空间

钴蓝色靠背的餐椅搭配纯白的餐桌和餐椅，为空间营造了纯净清爽的氛围；铁艺的水果架和透明的玻璃杯在磨砂玻璃的桌面上安静而雅致；浅灰色的地砖低调而复古。

066

烟青色的厨房空间

烟青色的厨房装饰华丽、朦胧，具有时尚感。橱柜柜门的设计兼具实用和创意；防滑的粉色地砖增加了空间温馨复古的色彩。

瓷花瓶装饰的空间

金属色的装饰、精致的瓷花瓶在橘黄色的灯光的照射下散发出高雅、华丽、安静的美感；原木色的台面洁净、优雅，台面上摆放的两盆绿色植物与橱柜的绿色相呼应，增加了空间的清新感。

浪漫古朴的餐厨空间

本案的餐厨家具主要是白色、咖色两色搭配，咖色家具使空间有种厚实古朴感，白色家具有种浪漫自然感；餐桌上摆放的植物使空间充满生机和活力，纤薄的碟子层叠堆积，显得十分细密、精致。

070

071

072

打造时尚小清新的餐厅

餐桌的造型简约、线条简约，搭配浅绿的餐椅，显得十分清新、时尚，营造了欢快的空间氛围，彰显了青春和活力，体现出屋主时尚、朝气蓬勃的特点。

071

造型复古优雅的烛台

洁白的墙壁在接近地板处有复古的特殊处理，餐椅造型时尚新颖，烛台的设计华丽复古；高脚玻璃杯、蓝色水晶玻璃杯时尚别致，把厨房装点得简洁优雅，整个空间看起来优雅复古、纯净华丽。

072

淡紫色墙壁装饰

黑色的瓷杯、烟灰色的碟子搭配咖色的桌布显得十分古朴雅致；淡紫色墙壁装饰使空间呈现出淡雅整洁的格调，舒适宜人。

073

粉色橱柜的空间

在黑色墙壁装饰的空间里，淡粉色的橱柜搭配淡蓝色的蜡烛，既存在冷暖关系的强烈对比又存在微妙的和谐呼应，粉色柜子上摆放的精致的花瓶，开着黄色花蕊的白花看起来雅致温馨。

073

074

马赛克造型墙

马赛克图案可随意拼贴，在厨卫空间中的运用非常普遍，其较小的尺寸非常适合做造型墙，马赛克造型是厨房空间突破传统的装饰手段，使空间充满华丽、温馨感。

075

古朴的原木桌椅

笨拙厚实的原木桌椅，在现代家居中非常环保，尤其是用到餐厨环境中，会带给人温馨亲切、浑然天成的体验；古香古色的镜子挂在空白的墙上，为空间增加了古韵。

光感十足的自然风格

在此餐厅中，设计师充分运用了室内充足的光线，将餐桌椅搭配出自然原木的特色，非常的清新别致；同样色系的木质地板有和谐、宁静的美感。

5

076

O77

玻璃装饰背景墙

靠窗一面采用了整体落地窗的结构，因此不需要做背景墙。挑高空间的落地窗加上室内墙面的硅藻泥的处理又让客厅看上去非常环保。

078

装饰元素的创意组合

设计中多处使用对比手法，例如随意摆放的红色餐椅与墙上精心布置的装饰画、绿色的植物与红色的餐椅、吊灯的圆浑与装饰画的方正等，这些元素得益于富有创意的设计、布置而显得和谐、有趣。

079

表情丰富的展示架

清新淡雅的实木餐桌和橱柜，搭配洁白无瑕的餐椅，干净利索、演绎出简约而不简单的现代风格，活力十足；餐桌旁边的陈列架，安静地摆放着各种物品，体现屋主精致细腻的生活品味。

080

流畅餐桌椅造型

开放式餐厅中，餐桌椅的造型设计对人在视觉上所感受到的空间大小也有重要的影响，简约的餐桌椅造型能让空间显得流畅、自然、开阔。

灯饰增加了空间的现代感

整个空间的布局传统古朴、低调大方，两盏时尚华丽的台灯增强了空间的现代感，亮色调的灰绿色墙面更加映衬了空间的古朴淡雅。

拼贴装饰画点缀空间

餐桌和软包装饰的复古韵味强烈，墙壁上大小不一的装饰画成为空间的重要点缀，赋予了空间浓烈的人文气息，精雕细琢的蜡座等工艺品体现出屋主喜爱文艺、性格细腻的特点。

利用墙壁的色彩差异体现空间分割

餐厅的设计浪漫明净，白色墙壁将餐厅与厨房的空间差别开来，白色的橱柜在橙色墙壁的反衬下格外漂亮，温馨而又高雅。

086

中国画墙饰

中式餐厅的布置中，餐桌上的绿色植物带来很多清爽之意，实木的家具散发着古朴的香气，装裱的中国画的布置，更加强了餐厅的中国韵味。

084

实木椅子的素净感

共用式餐厨的整体设计温馨安静，深色的实木椅子为空间带来几分肃静感，石膏造型的顶棚划分了空间，屋主可以在相对安静的空间中进餐。

花朵活跃了空间氛围

在整体上相对素雅明净的空间里，瓶里的花朵成为点缀空间的重要元素，设计师将墙壁裸露并刷上白漆，展现了随性自然的情调，营造了极强的自然感。

个性化的拼接地板

餐桌椅的设计简约时尚，众多的绿色盆栽在阳光的照射下充满氧气感，空间环境富有灵动感，最具创意的是木质地板与地砖中间的弧形界线，把餐厅和厨房区别开来。

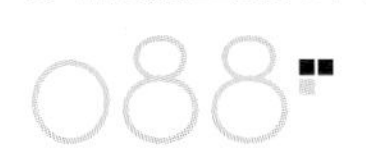

实木橱柜

经典厚重的红色实木橱柜、复古防滑的地砖以及复古纹理的壁砖装饰，为空间营造了强烈的古典意味，精工细作的柜子和摆放整齐的餐椅，体现出屋主追求品质生活的特点。

个性的裸露红砖

裸露的红墙墙体在整个空间里的设计很有田园自然的味道，加上实木材质的橱柜和桌椅，没有人工精雕细琢的痕迹，非常质朴、自然；地砖的颜色和整个环境协调一致，餐桌上水果的摆放同样带有浓厚的田园气息。

090

田园气息的蔓藤植物

植物的点缀往往带给人较为强烈的田园感受，尤其是在白色调为主的餐厅里，明亮的落地窗为室内带来充足的光线，蔓藤类植物可以在这里自由地生长。

091 有造型顶棚的空间

空间开阔，环境淡雅，特色的造型顶棚有助于弥补空间的单调感，绿色的植物为空间带来了许多清新，明亮的落地窗和洁白的墙壁使室内环境看起来通透、明亮。

092 圆形吊灯的灵动感

设计师利用透明的窗帘将部分光线遮挡，室内的整体空间呈现出纯净、透明的质感。餐桌上方的吊灯一方面显得时尚别致，另一方面使环境显得灵动、自然。

093 青色水果的装点

造型简约的空间里，纯白色系的餐桌椅和橱柜容易显得单调，青色水果的摆放充满了田园活泼感。

094

竹编藤椅

竹编藤椅造型优美，更容易搭配出自然田园的装饰风格；空间元素风格统一，植物的装点使空间的氛围活跃而浪漫，体现了屋主亲近自然的感情色彩。

095

瓶花装饰

温馨舒适简约的餐厅里，色彩鲜亮的瓶花为静雅的环境注入了新鲜的活力，既美化了环境，也愉悦了心情。

096

大理石的桌台

橱柜材质厚实、装饰经典，餐椅的造型优美，天然的大理石桌台密度大，质地坚硬防刮伤性能良好，而且具有天然的纹理。

097

窗外的田园生活

整体布局完整开阔，厨房的风格简单大方，餐椅的软包装饰非常的靓丽舒适，墙上的装饰画与整个空间色调协调一致，人们在这样的环境下进餐，心情一定愉悦舒畅，工作和生活压力等都可以很好地释放。

精致的餐具用品

绿色可以营造出一种平静安宁的氛围，令人联想到大自然的清新碧绿；台面上的餐有一种祥和的美感，精致而简约。

透明的门、窗

白色的墙壁、绿色的橱柜，非常简单就营造出纯净、自然的环境；餐桌上方的墙面上有透明的窗，这为两个区域的空间带来透气感；透明的木框玻璃门，从视觉上改变了空间的格局。

100

同色系的布局空间

使用同为绿色系的色彩，营造出纯净自然的氛围，不锈钢的水龙头增强了时尚感，淡淡的粉绿色丰富了空间色彩的层次。收纳柜的设置增加了空间的完整感。

101

淡绿色的壁纸

厨房墙壁淡绿色的花纹图案，一方面极大地增强了装饰效果，另一方面也起到保护墙壁的作用。

102

收纳柜子的设置

白色和米黄色搭配营造出高雅的氛围，精致的杯具、碗具安静的摆放在柜子里，充分地运用了厨房的上层空间，橙色的蔬菜为环境增加了活力和自然气息。

103

淡蓝色调的墙壁

淡蓝色的墙壁装饰搭配白色的橱柜和台面，呈现出宁静悠远的空间感受，极具感染力，清新、爽朗。

104

大气典雅的餐厨风格

实木橱柜的装饰醒目、典雅而大气，突出了整个空间的高贵感，黑色的门窗装饰与整个空间的风格保持一致，明朗、庄重。

105 

原木质感的墙纸装饰

整个空间的装饰静谧舒适，深棕色的餐桌散发出稳重感，造型简约的灯饰弥补了墙面的空洞，电视背景墙利用原木肌理的壁纸装饰，丰富了空间的层次感和色彩语言。

106 

白色奠定了纯净的风格

墙壁和家具流露出纯洁、高雅的气质，在纯色调的空间里，精致的高脚杯、绚丽的瓷杯和碟子成为重要的点缀，繁而不乱。

107

清新开阔的餐厅

在纯净、清新的餐厅里，大大的落地窗不仅开阔了人的视域，更收纳了充裕的光线和新鲜氧气。

108

简约造型的餐桌椅

原木材质的餐桌椅造型时尚简约，并且与地板的颜色相近，再加上白色的墙壁和橱柜等，轻松打造出明净温馨的餐厨风格。

109

餐椅造型时尚、新颖

在一个纯净自然的餐厅环境中，铁艺餐椅的样式新颖时尚、别具一格，材料编织地毯，充满田园浪漫的气息。

110

木制家具带给人的温馨惬意

木质家居舒适自然，橱柜的设计简约大方，餐桌椅的造型优雅别致，在有落地窗的空间里显得惬意、浪漫。

111

花藤纹理的餐椅装饰

橄榄绿色的实木餐桌椅在纯净洁白的空间里，低调而有质感，果篮里的水果、浪漫的花藤纹理起到了活跃氛围的作用，营造了一个浪漫的餐厅。

112

书香气息的餐厅

在宽敞明亮的空间里，墙壁和地板的颜色为空间笼罩了淡淡的暖意，餐桌椅的布置书香气十足，墙壁上的挂画增强了空间的文艺气息。

113

造型顶棚的设计

在本设计中，设计师运用具有现代装饰感的造型顶棚，统一了餐厅的整体感觉，原木餐桌椅的布局使空间环境显得开阔、明亮，让人们的身心得到全新的体验。

114

115

116

114

华丽色彩的餐厨

在家居的选择上，家具的材质也会影响到空间的氛围，设计师利用有光泽的中黄色橱柜、晶莹剔透的玻璃餐桌、瓷器、透明玻璃球等，营造了一个带有华丽色彩的空间环境。

115

餐桌椅的合理布局

圆形的玻璃台面餐桌看起来玲珑精致，搭配简约风格的“L”椅子，实现了空间的合理运用，这得益于桌椅的选择和搭配，反映了屋主对时尚和实用的敏锐嗅觉。

116

尽享轻松浪漫

在灯光和地板颜色的影响下，空间的主体色调偏暖，造型精美的吊灯、洁白淡雅的插花为空间营造了华丽浪漫的氛围。

117

竹筐增进了空间的自然感

在温和的灯光下，石制餐桌面散发出丝丝的凉意，水果显得格外甜美，也活跃了餐厅的气氛，竹筐为空间增添了田园味道。

117

118

别墅式厨房

房间里多处留有宽敞的玻璃窗，给室内带来非常充足的光线；造型简单的餐桌椅与房子外围生机蓬勃的树林相呼应，具有质朴自然的美感。

119

壁灯的使用营造的温馨感

餐桌椅的选择和布局整体上给人庄重严肃的感觉，设计师使用壁灯来缓冲空间过于拘束的气氛，为环境带来一丝温馨浪漫感，精致小巧的瓶花在黑色的餐桌上显得楚楚动人。

120

令视觉空间开阔的顶棚

空间的整体布局大气、明朗，在华丽的吊灯的装饰下，还散发出浪漫豪华的气质，镜面顶棚设计使空间在视觉上变得开阔，这是此餐厅设计中非常巧妙的地方。

121

质朴色调装扮温馨餐厨

此餐厨空间设计风格安静、质朴，不锈钢材质的厨具与环境的整体色调和谐统一，橘黄色的小台灯成为空间的亮点，人们在这样的环境里就餐，会感到悠闲、放松，没有拘束感。

120

121

122

123

124

122

格调餐厅的布置

咖色的墙壁，加上纯白色的门窗包装，为整体空间营造了一种高雅的格调；白色的餐椅和棕色的餐桌之间形成对比，暖黄色的地面协调了环境各个部分的色彩对比，使其散发优雅的美感。

123

玻璃杯和花成为亮眼的装饰

花卉在此餐厅的设计中起到主要的装饰作用，使空间环境活跃起来；印有花朵的餐具和水杯也让空间的气温上升起来，配合高脚杯显得十分浪漫，让人浮想联翩。

124

金黄色的运用

金黄色虽然是局部的色彩运用，但对空间的整体格调却产生了重要的影响，灯座、画框、吊灯上的金色，与空间的白色搭配构成了华丽的空间。

125

鲜香四溢的餐厅

原木质感的门框和餐桌、缤纷绚烂的鲜花、精致的餐具，这些元素共同营造了一个和谐温馨的空间、鲜香四溢的环境。

125

105

126

复古格调的餐厨

自然木色的餐桌椅、复古造型的吊灯、通风透气的百叶窗，为空间平添了自然轻盈感，复古防滑的地砖与空间的整体格调保持一致，流露出温馨感。

127

狭长的餐桌延伸空间

光洁的台面、精致玲珑的台灯、简约的餐桌椅和洁白的墙壁，塑造了一个空旷宁静的空间，反映了屋主崇尚简单、安静的特点。

128

简约自然的原木餐桌椅

低线设计的原木餐桌椅，使空间散发出温和、亲切的气质，在视觉上还能拉伸空间感，为人们营造出更加自然舒适的就餐氛围。

106

107

第二章　明艳华丽

很多年轻人比较喜欢用热情奔放的色彩和元素来装饰自己的餐厨，高调华丽的红色、精致豪华的吊灯、金属材质的厨具等。明艳华丽风格的餐厨设计，除了要具备鲜亮的色彩、精致的装饰物、华丽的灯饰外，还要经过巧妙构思和精心布置，因为空间的设计不等同于装饰元素的简单拼凑。想要得到最终的效果，还要看看设计师们是怎样把握的。

129

豪华气派的红色装饰

暖黄色调的墙壁和地板，使空间呈现出高雅的格调，搭配华丽的枣红色橱柜，更加彰显了空间的时尚现代感，光泽度较高的不锈钢蒸锅和热水壶为空间增添了豪华感，墙角的花卉体现了屋主高雅浪漫的品味。

130

台面边缘的不规则弧形设计

在色彩设计上，设计师大胆地运用了鲜亮的红色，与桌面的白色形成了强烈的对比，显现出热情饱满的氛围，在橱柜的造型上，台面采用不规则弧形边缘，使空间充满设计感和现代气息。

131

银灰色的华丽空间

此餐厨造型简约、流畅，银灰色的运用显得时尚、沉稳，整体空间显得低调、静谧；鲜艳的红色橱柜，又让静谧的空间泛起艳丽、活泼的涟漪。

132

后现代风格的地板装饰

地板的装饰是本案的一个特点，在整个空间的设计中，深色实木的餐桌和大红色软包餐椅的搭配经典耐看，洁白的墙壁、橱柜营造了一个高雅的氛围，后现代风格的地板为空间增加了时尚现代的元素。

133

华丽温馨感的空间装饰

整个空间的布置温馨华丽、饱满热烈，设计师以乳白色、大红色来装点空间，装修的风格时尚华丽，同时注重收纳储藏，尤其是餐桌台面设计，展示了空间的巧妙利用。

132

133

134

猩红色墙壁的特色装饰

空间的整体装饰甜美可爱，餐桌上的可爱的粉色和橱柜墙壁上的猩红色将空间点缀得温馨华美，洁白的餐具、精致的高脚杯，体现屋主高雅的品味。

135

镜面墙的装饰

橱柜的颜色和墙面的颜色都较暗，橱柜的墙面光线较弱，安置镜子可以反射明亮的光线，提升空间的亮度。

136

肉红色背景墙

整个空间的布局华丽大方，肉红色背景墙为空间营造了华丽的浪漫感，杏仁黄色的墙壁明净优雅，与餐椅的颜色相呼应，实木餐桌的设计稳重简约，空间显得华美别致。

137

紫色厨具

由黑、白、灰构成的空间稳重、经典，紫色的厨具在这里非常醒目，同时为时尚的厨房增添了华丽色彩。

136

137

138

经典的红与黑

红色和黑色是非常经典的对比色，设计师将两种颜色运用在造型简约的空间里，经典之处还彰显着时尚的魅力，暖黄色的墙面和棕色的地板令整个空间和谐、静雅。

139

光泽亮丽的红色烤漆

此设计中，红色的橱柜是空间的主体部分，烤漆工艺使厨具表面的光泽非常亮丽，构成了空间的华丽感；餐桌面的原木材质与红色的搭配独特新颖。

140

融合中式古典的时尚餐厅

空间的设计在体现华丽时尚感的同时，还蕴含着中式古典的韵味，显得安静雅致；黑色的实木餐桌与红色餐椅搭配，是一种经典的设计手法。

141

岩石肌理的创意墙

洁白的墙壁在灯光的照射下，出现了如岩层板状凹凸不平的肌理，餐椅使用金色花纹布装饰，有一种高贵华丽的质感，变化的收纳墙富有创意并且非常实用。

142

皮质餐椅装饰彰显豪华气场

白色的地砖衬托出实木餐桌椅结实的质感，餐椅的造型结构稳重牢固，精致细腻的餐椅包装在豪华吊灯的照射下，散发出野性、华丽的气质。

143

瓶花装饰的餐桌

餐厨的整体风格简约别致，餐桌面使用深红色实木，与白色的墙面形成强烈的对比，精致的烤漆看起来华丽、大方，桌面上精致的瓶花显现了屋主细致优雅的品位。

144

简约的操作台面设计

厨房整体设计简洁大方，操作台面较大，没有过多装饰，既方便操作，又体现出简约美。

145

时尚色彩装点空间

本案主题是使用绿色来打造空间，餐椅的时尚造型和碧绿色的百叶窗，以及餐桌上安静的插花等，构成了一个冷色调的时尚空间。

146 黑色铁艺高脚餐椅

光滑质感的橱柜墙壁、不锈钢的厨具、洁白的整体橱柜以及灰绿色的台面，共同装点出空间现代简约的华丽感，餐椅造型在简约的空间里显得独特、优美。

147 浪漫的餐厅氛围

蓝色象征浪漫，在幽暗的光线下，洁白的餐具、透明的高脚杯，很容易使人心生浪漫之情。

148 雪青色橱柜

在本案的设计中，花纹玻璃和竖条百叶窗的装饰很有韵味，雪青色的橱柜也散发着淡雅的美感，可反射光的不锈钢厨具体现出豪华感。

149

150

149

特色瓷砖墙的餐厨

餐桌椅的色彩在光线较暗的空间里非常明亮，鲜花和装饰灯点缀出空间优雅的格调；橄榄绿色的瓷砖与深红的橱柜形成微妙的对比，空间显得丰富、华丽。

150

暖黄色壁灯的巧妙运用

沙石质感的墙砖用在橱柜墙壁的装饰上，有一种自然、复古的味道，橱柜的布局看起来随性、实用，不锈钢热水壶在灯光、墙壁的映射下，显得柔亮、华美。

151

大理石材质的灶台

厨房的整体装饰简单大方，深色的橱柜有种肃静感，大理石材质的灶台为空间营造了气派、豪华的氛围，再加上不锈钢材质的灶具，整个空间看上去时尚、经典。

152

黑白灰色调的空间

复古的灰色地砖、黑色凝重的橱柜、洁白的墙壁等营造出黑、白、灰色调的餐厨空间；反光的不锈钢冰箱和烤箱，在微暖灯光的照射下，为空间营造了经典豪华感。

153

反光材料的装饰效果

米白色的橱柜，编织纹理的地面装饰，再加上绿色植物的点缀，整个空间洋溢着自然明快的气氛，反光材料的厨桌面和不锈钢厨具把空间装扮得时尚、明亮。

154

华丽的银白色厨具

银白色的厨具有很高的亮度，搭配棕色的橱柜显得非常华丽、优雅；橱柜墙壁的装饰透出朦胧的美感，精致的厨具和餐具显示出屋主完美时尚的生活品位。

155

温情时尚的餐厨

设计师运用朦胧的设计手法，创造出更加开阔的视觉空间效果，朦胧的玻璃门和银灰色餐桌有种空灵的美感，墙壁的装饰眼花缭乱，浅绿色的橱柜使人感到惬意温馨。

156

晶莹柔亮的墙壁装饰

橱柜设计庄重简约，墙壁装饰华丽飘渺，给人视觉上的纵深感，柔亮质感的装饰材料具有华丽、流动感。

157

植物长枝条造型点缀空间

红色的橱柜与黑色的柜台形成对比，墙壁使用的黑色装饰，放大了柜子与墙壁间的距离；插花瓶里的长枝条造型自然优美，打破了方正棱角给人的沉闷感。

158

镜面装饰墙壁的轻松感

简单轻松的厨房装饰是许多人喜欢的风格，镜面装饰不仅在视觉上让人觉得通透，还能让人在轻松的状态下享受烹饪的乐趣。

159

红色沙发造型的布局

设计师在此设计中选用圆形的餐桌和红色椅子，在空间布局上显得开阔、明朗，深色圆餐桌搭配软皮材质包装的餐椅，令环境格外华美、气派。

160

橙色装饰的橱柜墙壁

橱柜的总体设计古朴大方，略有单调；小巧玲珑的抽烟机在橙色墙壁的影响下，散发出柔亮的美；橙色墙壁的装饰打破了空间的单调和沉闷。

161

弧线形台面的餐厨

在空间相对狭小的餐厨中，白色结合红色搭配使用，显得鲜亮而不过分热情，弧线形的桌台优雅灵巧，可谓匠心独运。

162

洁白如玉的白色餐桌椅

中式装饰风格的餐厅中，洁白的餐桌椅在昏暗的暖色灯光和橘色餐桌的映衬下，泛出如玉般光洁华丽的美感，令人赏心悦目。

163 

扇形餐桌别具一格

在这个时尚气息浓厚的环境里，也不乏生活的趣味，橱柜台面上的编制提篮儿、不锈钢锅、水果盘儿及水果等，成为空间生活味道的重要点缀，而餐桌的扇形设计别出心裁、线条流畅婉转。

164 

“纹理风”统一空间

此处的餐厨设计有强烈的装饰色彩，例如墙面的花纹纹理装饰、地面的动物纹理装饰以及餐椅的软包等，在白色吊灯的陪衬下，这些装饰看起来非常精致豪华。

167

斑斓的墙壁装饰

红色的橱柜和黄色的原木地板搭配，营造了厨房的厚重和温馨感。斑斓的墙壁装饰使餐厅的氛围活泼起来，窗帘的可爱装饰为空间营造了清新感。

165

中式华丽色彩的空间

本案家具和餐桌椅的风格比较偏向于中式传统，大方典雅。灯光的运用富有创意，红色的餐具在棕色的餐桌上显得华丽夺目。

166

古典而华丽的餐厅布置

餐桌的布置庄重华丽，在暖色的墙壁和地板的衬托下，深棕色实木餐桌以及带有中式风格的金黄色的餐椅和鲜艳的红色餐布显得大气庄重，壁龛墙壁的装饰使用编织肌理，在暖光灯的照射下灼灼生辉。

168

169

170

168

带有红色窗帘的餐厅

原木材质的餐桌椅搭配大红色的窗帘极为养眼，透过落地窗，可以看到远处的风景，在视觉上有很强的透视感。餐桌上精致的高脚杯和蜡座为空间营造了浪漫气氛。

马赛克风格墙

厨房简单开阔，亮丽的红色橱柜与暖黄色的地板相映成趣，共同营造了一个温馨舒适的空间。整个橱柜墙壁采用马赛克墙砖的装饰，为空间打造了活泼、动感、时尚的视觉感受。

170

“火焰墙”的热烈氛围

整个餐厅的气氛被火焰色的墙壁所掌控，深色的实木餐椅和不锈钢元素搭配协调，打造了一个热情沸腾、活力现代的餐厅。

171

复古特色的地毯

造型讲究的实木餐桌椅摆放在空间的正中间，有非常有高贵的气势，复古风格的地毯看起来典雅、大气，体现了屋主正派、端庄的气质。

171

172

173

174

172

纵深感强烈的收纳墙

设计师将空间整体的光感营造得温馨独特，简约造型的家具、地面和顶棚都反映出主人时尚和敏感的触角，墙面上纵深感极强的收纳墙是设计师又一富有创意的设计，具有很强的透视感。

173

富有美感的茶具收纳架

墙壁上挂着的实木收纳架子，在温和的灯光的照射下有种清新、静谧的味道，设计师在整个装饰中，运用灯光的轻盈温暖、茶具的细腻光滑与实木的厚重朴实之间的对比，营造了美的空间。

174

拱形裸露墙砖的随性

黑色的铁艺花纹装饰椅子有股复古的意味，原木材质的地板营造了温馨的气氛，厨房用拱形的裸露墙砖分隔，十分自然随性、和谐温馨。

175

深红色的优雅浪漫

简约的黄色餐桌椅搭配深红色的餐具垫，使餐桌的浪漫氛围中多了几分高雅的气质，简约别致的金属蜡座与深红色的蜡烛在画面中和谐、华美，显露出屋主非常具有浪漫气质。

175

176

朦胧感的餐厨空间

造型简约的空间和家具使空间更加开阔，红色的球形悬挂物时尚感十足，红色的多处使用搭配深棕的家具令空间华丽朦胧而又神秘难测。

177

红白相间的厨房

深红色的橱柜带有时尚神秘的色彩，白色的墙壁和餐桌搭配深红色的橱柜，使空间高雅而明亮，简约的不锈钢高脚座椅颇具时尚色彩。

178

黑色餐椅的空间

在白色家具为主的居室空间里，运用黑色的餐桌椅来装饰，很快就使空间有种厚实、素雅的美感，高脚的深红色座椅造型独特，与白色家具搭配更加显衬出高雅、华丽的气质，餐桌上的鲜亮的花朵使空间的氛围活泼、灵动。

都市感的餐厨空间

厨房内灯光的设计使用浪漫的蓝色调，白色、深紫色搭配的厨具看起来格调高雅。

流苏造型的华丽吊灯

灯饰作为餐厅装饰的重要元素，对空间的色彩氛围、造型特点有极为深刻的影响，在白色地毯的装饰下，造型优雅的餐椅和极简的玻璃餐桌显得华丽时尚。

181

餐厨的墙壁暖意浓浓

橙色的橱柜的台面运用白色装点，再加上白色的餐桌椅，使这里的环境显得干净、整洁，暖黄色的墙壁成功地营造了空间的温馨气氛，这样的空间让人食欲大增。

贝壳状的时尚吊灯

整个空间大气轩昂，紧挨落地窗的餐厅，应该不费力就能够感受到傍晚时分窗外的阵阵凉风，上方悬挂的贝壳状灯饰充满了自然、时尚的格调。

181

182

183

184

185

183

冰爽自然的餐厨空间

此餐厨的色彩设计整体上给人清爽冰凉、自然清透的视觉享受，蓝色梦幻的窗户、绿色清新的墙壁以及浅咖色的餐椅和橱柜，共同把空间装点得丰富、有趣。

184

纵深感的咖色墙壁

橱柜的整体颜色是纯白色，橱柜墙壁使用深咖色岩层肌理装饰，与白色的橱柜形成对比，产生了视觉上的进深感。另外，咖色搭配纯白色的基调在柔亮的灯光的映射下，有种华贵的气质。

185

冷色调的墙壁装饰

青灰色的墙砖搭配灰色的厨台，营造了冷静、清爽的环境，绿色植物和阳光的照射为空间带来许多新鲜的氧气。

186

原木肌理的墙壁和厨台装饰

本案的灯光设计和空间布局十分有特点，原木肌理的墙壁装饰和台面装饰，为空间营造了自然、温馨和舒适的氛围。

186

187

宫廷欧式餐厅

黄色原木的餐椅用黑色的软装装饰，有种宫廷韵味；华丽复古造型的白色餐桌和椭圆形镜面在空间的布置，节省了空间面积，蓝灰色的墙壁装饰复古而优雅。

188

自然感十足的餐厨环境

餐厨空间在实木黑色餐桌椅和绿色大盆栽的装点下，变得活泼生动起来。餐椅上的椅垫亲切舒适，精致的玻璃杯和盛满食物的餐具散发着浓浓的家的味道。

191

玻璃钢装饰的厨房空间

玻璃钢材质的灶台和橱柜墙面，令空间充满清透冰爽的感觉。洁白的橱柜上摆放着鲜红的蔬菜，为时尚的空间增加了活力和亮点。

189

镜子装饰的墙壁

黑色的实木桌子搭配卡其色餐椅给人沉稳、知性的美感，墙壁的镜子营造了轻松的空间；洁白细腻的瓷器餐具在黑色桌面的映衬下散发出细微的光泽，蜡座造型时尚、简约。

大地色的餐厨空间

整个厨房的设计开阔、明亮。白色的厨房家具、顶棚十分洁净、雅致，金属质感的抽烟机在暖色灯光的映射下十分华丽；马赛克的墙面装饰、浅咖色的大理石台面以及土色的地板装饰共同营造了一个大地色系的格调空间。

192

简约造型的厨房

金属质感的装饰品、玻璃插花和高脚杯为简约时尚的空间营造了华丽的气息，灯光的巧妙极大地丰富了空间的表情，提升了空间的温馨度。

193

复古特色的地砖

浪漫装饰风格的吊灯和墙纸是构成空间氛围的重要因素。餐桌椅的造型优雅、简约，厨房的白色橱柜和复古的墙纸显得素净雅致，地砖使用复古材质和样式，营造了空间浪漫复古的韵味。

194

欧式吊灯彰显华丽

洁白的墙壁在灯光的影响下散发出温馨的暖意，明亮的室外光线使空间显得通透、敞亮，餐厅的吊灯造型复古华丽，桌布上的复古花纹使空间洋溢着浪漫气息。

195

中黄色墙壁使空间升温

餐桌椅设计简单，红色的地毯与地面、餐桌椅的颜色形成对比，黄色与深红色的墙壁对比鲜明，在视觉上提升了空间的温度。

196

令人们视野开阔的落地窗

餐厅的地板砖别具特色，餐椅的设计更是另类别致，透明的落地窗可以使人感受到绿色田园带来的清新视觉享受，球形的悬挂装饰物凸显了空间设计感。

197

地板材质差异做空间分隔

古朴风尚的餐桌，结构舒适的餐桌椅，令疲惫烦劳的人们倍觉温馨，厨房和餐厅的空间划分是用地砖的差异来区分的，体现了屋主喜欢新奇和创意的心理特点。

196

197

200

时尚艺术品的搭配

在一个雪白晶莹透亮的空间里，餐桌上摆放的艺术品优雅精致，餐桌椅子散发着高贵华丽感，玻璃材质的餐桌桌面清透细腻。

198

橘红色的复古地板

餐厅只占用了很小的空间，在橘红色的地板的陪衬下，白色华丽的餐桌椅更加优雅、复古，墙壁的收纳设计富有特色。收纳格子在灯光的照射下，散发出温馨华丽感。

199

橙色的椅子装点靓丽餐厨

活泼可爱的橙色为空间营造了欢乐的气氛，银白色的橱柜现代感极强，白色的餐桌搭配橙色的椅子，鲜亮雅致，体现了屋主时尚年轻的生活态度。

201

网状纹理装饰的餐椅

粉色调主导的餐厅里自会有种浪漫的情调，白色的餐桌椅造型玲珑婉约，网状纹理装饰的餐椅别有一种时尚的味道，橘红色的地板增强了空间的温馨华丽感。

202

实木椅子的餐厅

浅灰色的桌布装饰使空间多了一份平和亲切感，协调了空间的亮度，黑色餐桌的桌面时尚亮丽，桌面上瓶子的波浪造型新颖、富有动感，黑色椅子的靠背具有向上的张力，设计感极强。

203

黑色皮质餐厅座椅

皮质餐椅使餐厅的风格趋向于气派豪华，玻璃材质的餐桌桌面搭配皮质餐椅，更加彰显豪华的气质，红色的地毯为环境增添了热情，并赋予空间华丽的色彩。

204

椭圆形镜面的墙面装饰

墙面的墙纸装饰雅致、温馨，家具偏向古典风格，墙上的椭圆形镜子为空间增加了灵气，更加衬托出空间优雅高贵的气息。

205

晶莹别致的餐桌装饰

整体的空间色调古典豪华，餐桌上晶莹剔透的装饰物营造了空间的精致通透感，印有动物表皮纹理的餐碟显得霸气华丽，烛台和玻璃瓶晶莹剔透。

206

绿色墙壁营造清新怡人的空间

原木色的橱柜独自散发着一股温馨舒适的味道，清新的绿色墙壁带给空间无限的青春和活力，在巧妙的灯光的映射下显得华丽动人。

207

别致的绿色点缀空间

一般的厨房较少使用黑色的橱柜，因为使用不当就会令空间产生压力感，本案黑色的橱柜在红色柜子和绿色墙壁的装点下，显得时尚、简约；洁白的台面令厨房显得整洁、卫生，分散摆放的红色苹果成为台面的重要点缀。

208

岩洞式顶棚造型

在充满自然原始味道的山洞式餐厅设计中，室内的吊灯华丽大气，橘黄色的灯帽别致温馨，纯白色的桌布上摆放的鲜花丰富了空间的摆设。

209 现代气息浓厚的吊灯

餐厅的设计简单、时尚，洁白的墙壁很好地映衬了卡其色餐椅的时尚。华丽的吊灯设计简约、豪华，如果能够摆放些绿色植物或水果会更有生气。

210 星光璀璨的墙壁装饰

深色的木质地板与灰色的冰箱和带有灰色边缘的白色橱柜搭配很有时尚感，璀璨的墙纸有种华丽的感觉。

211 大朵鲜花的装饰

空间的整体格调庄重素雅，玻璃餐桌和皮质餐椅的设计简约时尚。灰色沙粒感地砖传达了黑白灰的空间主体，大朵鲜艳的花卉成为活跃空间的主要饰物。

212

窗帘和地毯带给人全新的感受

在富贵华丽的餐厅氛围中，暖黄色的窗帘更加衬托出这里的温馨氛围，地毯的风格和颜色与整体的搭配非常完美。

213

实木质感营造厚重感

有明亮窗户的餐厅，在灯光设计时少了很多麻烦，白天的自然光就足以使室内的光线明朗，厚重的实木家具彰显其古典的庄重感，浅色的地砖为空间带来一丝轻盈。

216

华丽的水晶吊灯

在餐厅的布置中，黑色的家具和餐椅看起来有点暗，华丽的水晶吊灯成为整个空间最为亮眼的点缀。

214

金属质感的吊灯装饰

玫红色的窗帘有种迷人的浪漫感，餐桌上随意摆放的食物、烛台、玻璃器皿等，反映了主人随性的浪漫和情感，金黄色的吊灯在枚红色的映衬下，越发彰显华丽的质感。

215

开放式厨房的布置

在橱柜的下方，精致的五金挂件和收纳隔板使厨具和其他物品得到合理的安放，使空间看起来整洁、舒适。

217

经典的黑白配

飘缈的纱窗与暖黄色的墙壁使空间的氛围温馨而浪漫；白色的橱柜配搭黑色的台面，色彩对比鲜明，显得时尚而经典；绿色蔬菜和植物为空间带来一股清新感。

218

经典时尚的马赛克墙

在靠窗的厨房空间里，珠帘装饰有种轻盈的律动感，简单的台面布置使得空间看起来干净、开阔，黑白的马赛克墙面成为空间最具时尚色彩的装饰。

219

黑色皮质餐椅的豪华感

经典豪华的皮质餐椅配搭不锈钢材质的钢管，很有时尚气息，餐桌的设计十分简约明了，桌上的玻璃装饰品看起来清凉可口，玻璃质感的收纳柜子有透明轻快感。

219

220

温馨感的墙面设计

在光感充足的空间里，粉色的墙壁营造了十分温馨惬意、轻松舒适的环境，简约设计的开放式厨房充满极强的现代时尚感。

221

炫彩时尚的空间布置

白色的橱柜搭配浅绿的墙壁，亲切感自然流露出来，实木地板有种厚实的稳重感，而色彩炫丽的蓝色冰箱为空间增添了华丽感，成为空间环境最重要的点缀。

222

空间布局独辟蹊径

在开放式的厨房空间里，空间的布局十分具有特色，灯光的布置使空间看起来美轮美奂，反映了屋主个性独特、富有创意。

221

222

223

收纳功能强大的桌台

白色的橱柜搭配黑色的台面和绿色植物的装饰使靠窗一面的空间显得舒爽自然，中间的收纳桌台能够摆放各种厨房日用品。

224

造型可爱的绿色盆栽

白色的餐椅在淡紫色调的笼罩下散发出优雅的气质，粉红色的餐具垫儿色彩鲜亮、华丽，两个造型可爱的绿色盆栽使空间充满氧气感。

225

开放式橱柜的陈列功能

白色的橱柜和餐台在暖色特效灯光的照射下显得十分温馨，柜子里摆放的瓷器精致细滑，同样也在灯光的照射下，泛出华丽动人的光彩。

226

橱柜多变的风格设计

餐桌的色彩华丽动人，白色的桌面有了枚红色桌布的搭配显得更加优雅、洁净，橱柜的收纳设计体现了灵活、实用的特点。

第三章　中式韵味

谈到中式韵味的餐厨设计，人们往往会想到装裱的字画、镂空的隔断和雕花的顶棚等传统古典的元素。而中式韵味餐厨的设计并不仅限于此，更重要的是在空间布局、线条、色调及家具、陈设的造型等方面，承袭传统餐厨文化的“形”、“神”的特征，来营造中式传统餐饮文化的味道。

227

粉色调中式餐厅布置

客厅的餐桌椅及其他家具的造型风格非常一致，都偏向传统的中式风格，靠墙壁的收纳柜子的设计富有创意，深紫色的家具在淡粉色的空间里显得雅致、独特。

228

豪华气质的地毯装饰

地毯上的图案极具现代时尚色彩，图案风格彰显豪华气质，实木材质的餐桌椅具有时尚的特点，收纳柜吸收了中国传统展示架的设计元素，中国韵味独到、新颖。

229

简约精致的中式餐厅

餐桌椅的线条硬朗、简洁；在室外光线的照射下，黑色的实木餐桌椅以及餐桌上摆放的餐具和高脚杯，散发出柔亮、静谧的美感。

230

231

232

230

装饰性强的餐厅设计

实木的餐桌椅搭配乳白色的地毯使空间显得洁净，更加凸显了餐桌椅的流畅造型，餐桌上摆放的餐具和绿色植物以及墙壁上挂着的装饰画、瓶花等，使中式的餐厅环境富有装饰感。

231

华丽的白烟装饰墙

在此餐厅设计中，最让人眼前一亮的是餐厅墙壁的装饰手法，飘渺流动、华丽美观，红色原木的餐桌椅和青紫色的地砖，使空间在温馨华丽的同时，又有一种淡淡的清凉感。

232

光滑原木质感的橱柜

在餐厨共用式的厨房内，上层空间的合理运用可以节约厨房的面积，光滑质感的原木橱柜表面有柔亮的光泽，质地坚硬且厚重，有种古朴的美感。

233

带有小抽屉的橱柜

色泽亮丽的红色餐桌椅摆放整齐，桌面上的绿色植物和粉色花朵成为空荡荡的桌面上的重要点缀，带有小抽屉的橱柜是本设计中比较亮眼的装饰，非常具有中式特点。

234

234

“原始风”的餐厨空间

橘红色的餐桌和墙壁装饰，在暖色的灯光的照射下散发出温馨华丽的光泽， 带有动物装饰图案的厨具和架子配搭暖黄色的墙壁有种原始的美感。

235

粗犷、自然之美

整个暖色调空间的布置是由线条粗犷的家具、红色的墙壁以及灰色地板来营造的，深棕色实木家具配搭粗糙的红色墙壁以及灰色的地板，使整个空间更加富有自然野性的味道。

236

中式餐厅的华丽装饰

深棕色的实木餐桌椅，带有明显的中国韵味；印有古典花纹的地毯和亮黄色的窗帘为空间营造了华丽的气氛。

237

画轴元素的餐桌椅设计

整个空间设计得明亮、华美，餐厅的金黄色窗帘突出了富丽堂皇的装饰特点，餐桌桌面设计像是一幅倒置的画卷，餐椅的靠背处也有画轴元素的运用，中式餐厅特色鲜明、雍容华贵。

238

装饰画彰显贵气

白色的墙壁和橱柜营造了整洁、高雅的空间氛围，中式的餐桌椅摆放得整齐有序，紫色的装饰画在白色墙壁的衬托下显得高贵、冷艳。

239 原木色窗框自然质朴

洁白的墙壁和纯白色的橱柜营造了一个纯净的餐厨空间，黑色的餐桌椅在洁白的空间里醒目、明朗，木质插花筒更是充满质朴的特色。

240 动物造型装饰的厨房

厨房空间的设计沉稳、厚重，灶台上的仙鹤、长颈鹿造型的工艺品成为空间的重要装饰。

241 淡黄格子纱窗的空间

在临近窗户的餐厅中，淡黄色的格子纱窗可以阻挡过于强烈的光线；深棕色的中式餐桌椅造型古朴，给人的视觉感受朴素、稳重。

242

黄色实木的餐桌椅

餐椅的物理结构坚实稳固、优雅大气，浅咖色的坐垫舒适亲切并与地毯的颜色相呼应，红色、粉红色的墙壁营造了温馨的中式餐厅。

243

中式“骨感”的餐桌椅

餐桌椅的设计，突出了骨力结构，栅栏式靠背的餐椅，线条十分简洁硬朗。中式的餐桌椅配合淡粉色的橱柜，使空间弥漫着古典、雅致、温馨的味道。

244

暗紫色的马赛克墙砖

原木材质制作的餐桌椅和橱柜有着极强的中式特点，暗紫色的马赛克墙砖泛着密密麻麻的光泽， 稳重而充满贵气。

247

有展示柜的餐厅

黄色餐桌面和桌上的花卉给人的感觉温馨华丽，深色的实木餐椅在柔和的光照下散发出暗淡的光泽，陈列在展示架子上的瓶罐、动物雕塑、人像等，使空间有种静谧之感。

245

简单可爱的橱柜造型

原木材质的橱柜造型简单，给人的感觉古朴而可爱，复古防滑的地板颜色与橱柜的颜色协调一致，餐桌和橱柜上方的绿色植物加强了中式餐厅的古朴自然感。

餐具的摆放别有特色

造型十分简约的实木餐桌、餐椅显得内敛沉稳，餐桌上的碟子造型独特、色泽稳重，与餐桌椅的风格一致，突出了大气稳重的中式餐厅的风格特色。

248

249

248

紧邻厨房的餐厅布置

餐厅的布置可借助从厨房窗户透过来的明亮光线，卡其色的餐椅搭配深色实木餐桌椅显得厚重、经典。

249

中式明清古典家具

餐桌、凳子和扶手椅带有明显的明清特色，橘红的墙面装饰形成了空间的纵深感，浅色的地砖使空间的布局开阔，透明的纱窗为室内遮挡了部分光线，充满温馨浪漫感。

250

突出墙壁的自然味道

整个空间充盈着活泼欢快的氛围，白色的橱柜搭配浅绿色的墙面突出了高雅清新的空间格调，台面和橱柜顶部的绿色植物使餐厨空间充满流动的气息；餐椅上的坐垫舒适自然。

251

餐椅的镂空设计

餐椅使用的镂空设计是中国家具特色的装饰手法，黑色的餐椅搭配褐色的餐桌和洁白的茶具显得安静、朴雅，红色的玻璃器皿和鲜花活跃了空间的整体氛围，也是最吸引人眼球的装饰。

250

251

252

肉粉色地砖营造的时尚空间

金属色、深红色与白色搭配设计的橱柜颇有时尚的意味，肉红色的斜纹防滑地砖延伸了人们的视线，为空间增加了温馨感；厨台上摆放的水果色彩鲜亮动人，充满跃动感。

253

古韵餐厅

灯光的布置把空间塑造的古色古香。原木色的橱柜和黑色铁质餐椅布置在幽暗的空间里，暖色的灯光打在红色的餐桌上，让人联想到古代时期的氛围，沧桑而宁静祥和。

254

红木木雕隔扇门

餐厅中有明清风格的红木家具，木雕隔扇和八仙桌椅在明亮的光线下散发出高贵华丽的气质；红木柜子上摆放的各种红酒，体现了屋主时尚高雅的生活品味。

255

厚重鲜艳的红木橱柜

木质地板与橱柜的颜色协调一致，白色厨台在红色橱柜的映衬下，有点粉色的倾向，洁净而温馨。灯光的灵活布置，塑造了兼具美感和实用的厨房空间。

256

倾斜的顶部设计

房屋顶部的倾斜露天造型，给人开阔的视觉感受，是设计师创意构思的体现；红色砖墙的装饰手法十分吸引人们的眼球，成为时尚的餐厨空间里人们最为关注的焦点对象。

257

古典融合现代的餐厅

使用竹帘、纯木等天然材质以及玻璃材质打造的餐厅，古典中融入了现代的特色；架子上摆放的各类瓷器，具备了古典的神韵。

258

经典复古的黑色铁艺餐椅

深咖色木质地板散发着暗淡的光泽，黑色的铁艺餐椅与白色的橱柜形成对比，黑色的餐椅和玻璃餐桌搭配有种复古的气息。

259

灰褐色的大理石台面

厨房的台面使用灰褐色的大理石石板，质地坚硬光滑、天然环保，搭配灰绿色的碟子和黑色的瓶子，使空间充满了典雅、复古的气质，反映了屋主个人的生活喜好。

260

竖向原木质感的墙纸

空间较为狭小时，利用墙上的镜面装饰会使空间更显空透，餐桌椅使用棕红色的烤漆工艺，在光线的影响下，散发出亮丽的光泽。

261

铁艺仿古餐桌椅

在开阔明亮的空间内，原木色的地板显得自然、素雅、大气；中式的铁质餐桌椅大方简约，在这个随性、自然而充满现代气息的空间里，透露着丝丝的古韵。

262

舒缓的空间节奏

餐厨和门的材质使用带有沧桑陈旧感的实木，平滑质感的餐桌表面充满光泽，茶具的摆放使空间的节奏舒缓，有种放松感。

263

带有插花的餐厅布置

餐厅的空间面积小，可根据空间面积选择适当比例的家具。红色的原木材质坚硬，光泽亮丽照人，椅子和桌子的体态厚实，结构坚固，非常耐用；插花是空间里的唯一装饰，显得小巧、精致。

266

现代元素的中式餐厅

餐桌椅的造型简约淳朴，现代夸张风格的地毯质感突出，配合原木色的餐桌椅有极强的自然风味；现代风格的灯饰温婉和谐，白色的窗帘看起来纯净、唯美。

264

红色雕花餐桌椅

餐桌椅的古典雕花造型秀丽、线脚运用合理，在粉色沙砾质感的地砖的衬托下，显得华丽富贵；金钵小碗和玻璃高脚杯在灯光的照射下显得精致华美。

265

古典而精致的餐厅空间

白色的台灯、白色的餐具和茶具以及收纳柜子里的白色物品可以看出来屋主对白色的偏爱，白色在原木色的家具餐桌椅中散发出洁白如玉的细腻质感，精致而透亮。餐厅的花纹地毯具有强烈的复古特色，彰显了主人的古典情怀。

207

208

209

267

华丽质感的厨台

空间的设计元素丰富多彩，再搭配富有古典意味的灯饰、橱柜和墙壁，使空间的气氛变得活跃、流动；华丽的厨台上摆着的大把鲜花和精致的茶具，体现了屋主乐享生活的悠闲心态。

268

上轻下重的空间格局

温暖的灯光将空间的上半部分的白墙和橱柜打造得现代时尚，下方暗红色的橱柜在金属色和白色的搭配下凸显华丽时尚感，餐桌椅的造型简约，有种流畅、自然的味道。

注重空间布局的利用

整体厨房的布局整齐划一、一目了然，原木封闭式的橱柜在不锈钢材质的烤箱和微波炉的陪衬下，体现了自然淳朴的同时，又多了时尚的气息，绿色的墙壁为空间增添了清新感。

270

暖粉色调和空间的肃静感

深棕色的实木餐桌椅在低调沉稳的同时，有种沉静的张力和美感，配合同色系的地板使空间略显沉闷，亮粉色的墙壁和柜子是空间最具活力的装饰，打破了过于肃静的空间格局。

270

271

黑色铁艺烛台装饰的餐桌

餐厅的装饰风格自然而古朴，实木餐桌与造型别致的餐椅搭配，在黄色墙壁的映射下，使空间充满了自然温馨的氛围，铁艺高脚烛台装饰显得十分雅致，与墙上的扇形装饰物相呼应。

272

直线造型的装饰

菱角分明的餐桌和家具以及灯饰，在造型上有颇多直线感的线条，简单明了，有很强的视觉延伸感；白底黑花纹的瓷花盆更加增强了空间的复古味道。

274

精致完美的餐厅布置

餐桌椅、柜子的选材、做工都非常精细，设计风格大气简约，各类瓷器和高脚杯的摆放，反映了屋主精致的生活品味。

273

考究的橱柜设计

在淡雅的空间色调里，深色的餐桌椅和橱柜显得庄重、气派。黄铜色的抽烟机带有古典的特色，木质边缘与整个橱柜的风格统一；橱柜的设计非常细腻、考究，反映了屋主严格、细致的特点。

CLASSIC
BLEND
Caffé
ESPRESSO

275

时尚元素点缀中式餐厅

中式餐桌椅材料厚实、结构坚固、造型大气，在洁白墙壁的映衬下显得经典稳重；大理石厨台坚固光滑且易于清洁；现代风格的装饰画、黑色高脚玻璃杯、红色瓷杯等元素，营造了空间的时尚氛围。

276

中式寓意的壁画装饰

中式壁画往往有很多寓意，如用鹤、松、花来暗示“吉祥如意”、“富贵安康”等美好祝福。彩色的壁画在水晶吊灯的照射下更加鲜活亮丽，窗顶上的纹饰充满古典意味，圆形餐桌使空间充满了和谐团圆的氛围。

277

黑色豪华餐椅装点餐厅

餐桌摆放在餐厅中央，显得大气庄重，在黑皮质软包餐椅的搭配下，塑造了一个开阔、舒适、协调的餐厅环境；桌上大小不一、晶莹剔透的高脚杯，体现了屋主时尚、精致的生活品位。

278

天然拼接板条的墙面装饰

质感天然温润的木材装饰墙，打造了休闲古典的餐厅风格，并且与餐厅的温馨色调相和谐；风景画的装饰使古典华贵的空间环境充满自然惬意的情调。

279

凹凸不平的白墙砖

带有红色吊灯转世的现代中式餐厨里，搭配特意做成的不规则裸露的白色墙砖，从而展现出空间自然随性的一面；木质地板和地砖的分界，使空间区域有明显的归属，玄关和客厅、客厅和餐厨有了明显的划分。

280

宽敞的餐厅空间布置

餐桌椅的设计风格大方、富有特色，在相对空旷的餐厅环境里显得自然、优雅；注重较小角落的装饰可以避免空间环境过于低调、空洞，铁艺的花瓶座和开放式收纳架子为空间增添了浪漫温情的气氛。

281

墙壁的收纳主题

纯天然木质的收纳架和柜子的设计体现了中式收纳的特点；实木地板和餐桌面的设计相同，共同呈现了斑斓的色彩效果。

282

有深红色古花瓶的空间

黄色的餐桌椅设计充满了古典的特色，餐桌在明亮的空间里散发出华美亮丽的光泽，深红色的花瓶里插着美丽清新的白色鲜花，为古香古色的餐厅增加了活力。

283

清幽寂静的餐厅环境

餐桌上的绿色餐具和柜子里的各式绿瓷器体现了屋主钟爱绿色的特点；墙壁上的装饰画和绿色植物呈现出餐厅空间休闲、田园的幽静感，也体现出屋主清净、高雅的品质。

284

休闲格调的古典空间

实木与藤编组合设计的餐椅透露了空间的休闲格调；金灰色的餐具以及高脚杯、蜡烛等，营造了空间的浪漫氛围；绿色植物与复古的碎花地毯有种轻松惬意感。

285

286

287

285

欧式花纹的地板

餐厅的光线明亮、面积开阔，淡黄色的窗帘和纱窗为空间营造了浪漫的气氛，餐厅的欧式花纹地板搭配黑色的实木餐桌椅大气典雅中多了一份浪漫感，反映了屋主端庄浪漫的情怀。

286

清新空间里的红木家具

带有装饰画的浅色墙壁为空间营造了清新高雅的气氛；古典特色的红木家具在米色地砖的映衬下，显得秀雅、端庄；餐桌上的粉色花朵温馨、雅致，体现了屋主秀美细腻的特点。

287

特色鲜明的古老空间

餐桌和灶台的设计简约大方，对面的瓶瓶罐罐充满了西域风情；灶台墙壁上的烟熏痕迹，充满了浓烈的原始气息。

288

质朴纯净的餐厨空间

空间的布置简单、质朴。原木特色的地板、餐桌椅和橱柜保持了协调一致的风格，在洁白墙壁的空间里显得质朴明净；餐椅的线脚设计富有特点，从结构上讲，非常稳固，总体反映了屋主贴近自然、平和温润的生活态度。

288

289

弧形厨房的布局

这个餐厨的空间比较有特色，弧线形设计的空间构图方式，给室内争取了更多的可用空间。深红的橱柜设计制作工艺细微、精到，散发着高贵的气质；圆形餐桌摆放在中央位置，预留出了厨房的环状工作区。

290

白色网格为空间营造了惬意田园的气息

黑色的餐桌椅大方美观，在土色防滑地砖的陪衬下，有种厚重感；白色网格墙壁搭配绿色植物的装点，令空间田园气息浓厚。

291

红砖墙装饰的粗犷空间

怀旧复古的红砖墙使空间的风格休闲、粗犷，点燃的烛台和红色百叶窗营造了温馨的气氛，浪漫质朴而古老自然。

292

长形餐桌的空间

餐厅中的实木长餐桌占据了较大的空间，餐桌板材质地优良，造型十分简约，散发出古典大气的美感。

293

有装置艺术品的空间

实木家具、绒毛地毯和装置工艺品的布置，使空间充满时尚、现代的气息；黑色餐桌造型敦厚、可爱，令空间富有趣味性。

294

温情的黑色

黑色的餐桌椅上布满了餐具、茶具、蜡烛和食物，在蜡烛橘红色的微醺下，餐桌和桌上的青灰色瓷杯以及水果尽显温情。

295

生动的餐桌椅造型

红木餐椅搭配深色实木餐桌，营造出生动活跃的餐厅环境，精致的玻璃器皿与餐桌的华丽光泽相映生辉。

造型简约的橱柜

此案设计选用红木整体橱柜来装饰厨房，从材质上看，具有坚硬牢固的特点，简约的橱柜造型，使厨房空间给人一种整齐舒适的感觉，白色的岛台设计增加了空间的纯净气质。

297

布艺软包装饰的餐椅

实木结构的餐桌椅搭配灰色的毛绒地毯，令空间洋溢着温馨质朴的气息，米色条纹布艺装饰的餐椅看起来十分雅致，磨白的木质餐椅能够让人想起遥远的过去。

298

实木结构的餐桌椅设计

空间的整体色调和谐统一，构成了一个纯实木装饰的空间，餐桌椅的造型十分朴素大气，红色的花卉装点了浪漫的空间氛围。

297

298

299

300

301

用装裱字画来装饰餐厅

将青花瓷的碗与考究的茶具摆放在实木餐桌上，营造出餐厅特有的和谐氛围，餐椅的设计十分独特，取自古典原木的雕花装饰，显得十分秀气，墙壁上的“家”装点出温馨的家的氛围。

自然原木空间

透明的玻璃餐桌是空间里最“特别”的装饰材质，空间的整体氛围十分温和，实木餐椅和白瓷餐具显得精致而独特，能够反映出屋主喜欢用自然材质装点居室、渴望融入自然的心情。

301

石台餐桌布置的餐厅

灰色的石台餐桌质地坚硬、易于清洁，但重量较大，所以较少用于餐桌的桌台，本案的布艺餐椅选用了与石台相同的肌理，十分独特。

302

具有透视感的餐厅布置

黄绿色的实木长桌搭配古典造型的餐椅，在白色斜纹地板的装点下，空间的氛围宁静而庄重，浪漫的布艺窗帘十分轻盈，缓和了餐厅的氛围。

302

303

带有休闲格调的餐厨设计

本案空间的布置，在采光上占有很大的优势，大大的玻璃窗营造了明亮的居室环境，藤制休闲椅与透明的玻璃餐桌搭配，营造了一个充满惬意、舒缓格调的餐厨空间。

304

温馨感浓厚的餐厅

在独立式餐厅的布置中，放置一个收纳柜是非常必要的，石木结构的柜子，造型精美、做工考究，能够充分发挥其收纳的强大功用，也可以展现出屋主考究的生活品味。

304

305

休闲的折叠式餐桌

深棕色的实木餐桌具有折叠的功能，可以适时的放开和折叠起来，在角落处放置的各类酒瓶，反映了屋主喜欢饮酒的生活习惯，而且在居室的布置上，十分随性开放。

306

306

彩色的木质地板

屋主使用彩色的木质地板装饰餐厅，显得十分活泼、时尚，尽管餐桌椅的造型简约，却依然能够营造出欢快的居室氛围。

305

307

308

309

307

烤漆工艺的橱柜装饰

餐桌椅的造型十分另类，由深红色的烤漆工艺处理的橱柜表面十分亮丽时尚，灰色细腻的瓷砖墙显得十分稳重、精致，与铜艺餐椅形成相互呼应的关系。

308

简约宁静的日式餐厅

日式居室的装扮十分简约，而且善用天然的木质家具来装点，日式的榻榻米搭配低矮结构的餐桌，显现出谦逊的空间品质与和谐的就餐氛围。

309

绿色植物的装点

米色的棉质地毯搭配深色的餐桌椅，对比鲜明而独特，餐厅角落处的绿色植物很好地营造了空间的清新感，并且与黄色的墙壁相协调。

310

肉红色的格子瓷砖

红色的橱柜墙壁使用肉红色的格子瓷砖来装饰，令空间的氛围显得十分温馨柔和，在粉色台面的映衬下，白色的瓷壶更显优雅精致。

310

311

时尚木质餐桌椅

居室的整体环境偏向现代时尚风格，软包装饰的实木餐桌椅与时尚的空间氛围十分吻合。

312

古朴传统风格的餐厅

栅栏式的餐椅靠背，显得十分挺拔、坚固，搭配长形餐桌，共同营造了简单、古朴的餐厅空间。

313

由对比色彩构成的餐厅

黄色的实木餐桌椅搭配浅绿色的餐具，带给人们十分特别的视觉感受，简单宁静的餐厅是很多人都期待的就餐环境，使用微妙的色彩对比就可以让餐厅的氛围宁静之余，还有丰富的变化。

314

温馨的橱柜装饰厨房空间

空间的整体氛围温馨别致，不难看出，屋主是偏爱米黄色的，米色的瓷砖装饰橱柜墙壁与黄色实木橱柜之间形成类似色的对比，进一步增加了空间的温馨气氛。

313

314

315

316

317

315

用布艺坐垫装饰的餐椅

白色的茶具在红色实木材质的餐桌椅的映衬下，显得十分雅致；蓝色条纹的布艺坐垫体现了屋主周到细致的特点，增加了椅子的舒适度。

316

选择复古造型的餐椅

浅咖色的墙壁搭配乳白色的地毯，使空间温馨而高雅，选择实木复古餐椅和圆形的靠背并搭配色彩的深浅的对比，令空间溢满优雅格调。

317

自然风情的餐厅

在小木屋里进餐恐怕是平常的人很难想到的，在面积不是很大的木屋里，布艺窗帘和紫色花卉点缀了空间的浪漫情调，令人神往。

318

自然风格的藤椅

藤椅的结构充满了和谐自然的美感，很多人都热衷于选择现代化的餐椅和家具，但殊不知藤椅可以带给人们另类的享受。一把简单的藤椅，它凝结着舒缓而自然的生活味道。

318

319

320

319

用橘红色地板装饰的餐厨

空间的橘色实木地板营造出空间的热情氛围，造型十分独特的实木餐桌椅做工精细，浅灰色的地毯显得十分舒适、温馨。

320

舒适放松的厨房装饰

厨房的整体布置温馨、明亮，带花边的布艺帷幔和花纹壁纸共同装点了空间的灵秀气质，浪漫而唯美。

321

橱柜装饰的餐厅

用深色实木家具来装饰餐厅，增加了空间的稳重感，黑色玻璃柜与黑色的边桌集装饰和实用性功能为一体，暖色的鲜花装饰令空间的氛围变得浪漫而清新。

322

时尚餐厨的创意布局

咖色的墙砖显得十分时尚，白色的橱柜装饰厨房与整个空间的格调相一致，深色的斜纹地砖增加了空间的稳重感。

321

322

323

324

323

用光滑亮丽的大理石装点的餐厅

收纳背景墙的装饰配合浅色的墙壁和地毯，营造了华丽温馨的空间；黄色大理石的桌面上的鲜花，点缀了温馨雅致的空间。

324

黑白色调的时尚空间

空间整体的风格简约、静谧。纯白色系的橱柜在金属色和黑色的搭配下，时尚而雅致；黑色皮质餐椅不仅时尚亮丽，还散发出经典豪华的气质。

第四章　欧式复古

欧式复古的餐厨越来越受到人们的喜爱，无论是希腊、罗马的廊柱式元素，还是欧式宫廷的华贵优雅、庄严宏大，都可以表达人们或浪漫、或随性、或华贵、或理性的思维和感受。欧式餐厨设计融汇了众多的欧式元素和设计师的独特灵感构思，帮助人们把握其中的要领。

325

镂空编织的餐椅

白色的餐椅搭配褐色的玻璃餐桌复古又时尚，欧式烛台和吊灯彰显复古豪华的气质，藤制编织的花篮内摆放的绿色植物具有清新的活力。

326 复古纹样的空间装饰

餐桌椅的造型新颖时尚，在暖色幽暗的灯光下看起来非常淡雅；复古花纹的座椅装饰尽显大气典雅，欧式经典复古的窗帘端庄稳重。

327 壁龛装饰填补空缺感

整个空间的布局显得空旷，壁龛里的艺术品装饰很好地弥补了空间的空缺，复古的欧式餐厅里多了一份艺术、时尚的气息。

328 绚烂的地毯构造欧式的华丽

家具的造型和色泽低调沉稳，墙壁的装饰简洁大方，绚烂的地毯花纹华丽复古。

329

330

331

329

弧形靠背的餐椅

餐厅的氛围安静、亲切，米黄色的墙壁搭配纯白色的造型顶棚非常的温馨、祥和，餐桌椅的造型都很有特点，餐椅靠背弧线形的边缘设计给人柔和、优美的视觉享受。

330

精密细致的餐椅

此处餐厅的灯光运用恰到好处，餐桌上的台灯和墙面的壁灯珠联璧合，共同营造了温暖、惬意、舒适的氛围餐椅设计更是精细，红色条纹的装饰端庄大方，扶手等细节装饰构造了舒适的客厅。

331

小物品的收纳柜

玻璃门外的自然之景使室内的原木色地板和实木材质的餐桌有亲近自然的风味，收纳柜里摆放的满满的小物件体现屋主对小巧物品的喜爱。

332

复古典雅的墙纸装饰

黄铜工艺铸造的靠椅和圆形桌，使用亮黄的软装显得富贵古典；欧式的墙面壁纸营造了典雅复古的气氛；墙上的装饰画令空间充满人文气息；花雕红木风琴和鲜花的装饰体现了主人秀雅的艺术情感。

332

333

彩雕小天使装饰的墙壁

餐厅的餐桌椅各有特色，椅子的造型高挑挺拔，餐桌的造型简约实用；复古特色鲜明的吊灯增强了空间的华丽色彩；彩雕小天使挂满了墙壁，使空间充满了欧洲特色的宗教氛围和人文气息。

334

罗马柱式餐桌

淡绿色的整体橱柜清新淡雅，黑色铁艺复古吊灯布置在浅色的空间显得安静、素雅；餐桌桌脚采用罗马廊柱的复古造型，古朴典雅、稳重大气，透露着浓厚的艺术气息。

333

334

335

蕾丝窗帘装饰的浪漫空间

透明的蕾丝窗帘、镂空风格的白色餐椅和桌布以及室内摆放的各种绚烂的花卉为空间营造了浪漫、清新、高雅的餐厅环境。

336

336

花纹元素装饰的空间

本案中，吊灯的花纹造型与壁纸上的花纹造型相呼应，增加了空间的浪漫气氛。把餐桌的颜色换成彩色，使空间更加明亮，也更能衬托优雅浪漫的氛围。

337

优雅复古的餐椅设计

原木色的餐椅造型优雅独特，线脚带有明显的廊柱特征，在餐桌的陪衬下，更加彰显了欧式餐椅的优雅浪漫。

338

簇簇鲜花营造热闹的氛围

餐桌椅布置在餐厅的靠墙位置，使空间开阔。餐桌上布满植物和鲜花，在宽敞的餐厅里营造出热闹非凡的景象。

337

338

339

341

340

339

聚焦餐椅造型

空间的摆设简练，餐桌椅的摆放比较集中，聚集了人们的关注点，橘色的餐椅造型融合了欧式家具的多种元素，廊柱、栅栏、花纹等，突出了欧式餐厅的主题。

340

深棕色调的复古空间

空间的总体色调以深棕色和红色为主，精雕细刻的家具造型使空间充满了厚重的华丽感。

341

欧式简约的餐厨空间

橱柜的设计十分简约、传统，暗橘色的橱柜在强烈的光线下，散发出油亮、复古的光泽。

342

罗马柱式蜡座

暗紫色的柱式蜡座、展示柜摆放的各式瓷器和透雕装饰画在餐厅橘黄色的灯光映射下，温馨雅致，充满古典意味。

343

高贵典雅的欧式餐厅

在长方形的实木餐桌上，餐具摆放整齐，餐桌上的瓷器和高脚杯在深红色餐桌的映衬下，十分精致美妙；带有复古花纹的浅绿色的壁纸将空间装饰得华美、雅致；鲜花和绿色植物为空间带来阵阵惬意。

346

打造气势恢宏的餐厅

这个空间的餐椅和餐桌的装饰富丽堂皇。透明的玻璃餐桌下，有四角带有白色花雕的桌脚，造型十分精美独特，搭配端庄挺拔的椅子，彰显了空间恢宏的气势。

344

宫廷华丽式餐厅

整个空间氛围充满了宫廷意味，庄重考究而华丽夺目。黄色折扇式的窗帘装饰赋予线条流畅的美感；餐桌的造型简约、结构牢固、设计感极强，餐椅造型优雅独特，软包装饰华丽感十足。

345

浪漫元素的组合搭配

鲜艳的花卉，华丽闪烁的吊灯，具有流畅曲线和浪漫花饰、花雕的餐桌椅等，在整个橘黄色调的环境里显得格外温馨华丽、浪漫和谐。

347

348

349

347

欧式清新餐厅

在靠近窗户的位置，光线通透、空气清新流畅，人们在这里进餐会感到非常惬意放松，靠窗墙壁上的米黄色板材设计突出了欧式餐厅的清晰自然感；华丽的地毯纹饰更增强了欧式风情。

348

带有壁炉的餐厅

欧式餐厅中，壁炉的设计十分精致，富有形式美感，红色的壁炉与餐桌上红色的装饰和桌布相呼应，使空间的氛围显得浪漫温馨；壁炉上的动物装饰使复古豪华的空间充满生命自由的气息。

349

亮银色质感的餐椅

在恬淡自然的空间里，银白色金属质感的餐椅为空间带来了不少时尚气息，镀金球形瓶带有精美复古的气质，使空间充满现代华丽感。

350

浪漫小雪花纹样的地毯

黑色餐椅的造型设计优雅复古，与白色边框的玻璃窗互相对比，衬托了白色的高雅，白底褐色雪花纹样的地毯，彰显了空间的浪漫情调。

350

351

地中海拱形玻璃门窗

田园风格餐椅搭配红底碎花纹样的地毯充满了复古浪漫气息，地中海元素的拱形玻璃门装饰，使空间洋溢着欢快、轻松的气氛。

352

华丽温润感的空间布局

空间的布置丰富，花朵图案的地毯使餐厅氛围变得秀雅、欢快，淡黄色的墙壁将红色的实木餐桌椅映衬得十分厚重、温润，红色的餐桌散发着亮丽的光泽，各个部分的灯饰将空间装饰得华丽饱满，充满浪漫的情调。

353

带有浪漫帷幔、窗帘的空间

实木餐桌椅造型简约流畅，白色的木质壁纸边框线条简洁，凸显贵族气质，纹饰复杂的地毯营造了空间的温馨感，裸色帷幔、吊灯、水晶球柱的台灯等，使空间的华丽高贵气质迅速提升。

352

353

356

巴洛克式纹样的地毯彰显豪华

红色原木的地板和黄酱色的窗帘令空间充满温润、厚实的质感，杏色的地毯与餐椅的色彩协调一致，巴洛克式纹样使空间彰显豪华复古的气质。

354

现代欧式的餐厅空间

餐椅的设计简单大方，红白条纹的餐椅使餐厨空间充满活力；波浪形的白色帷幔窗帘透过温和的光线，显得十分浪漫甜美；白水晶吊灯美丽而纯净。

355

青铜铸造的储物架

空间的大体氛围显得大气古典。展示柜上摆放的铁质工艺品、瓷器、插花等充满了古典气质；黄铜色的实木餐桌造型简约独特，上面摆放的青铜铸造品实用美观，集装饰和储物为一体。

357

活泼、愉悦的餐厅空间

黄色的向日葵在红色实木的餐桌上显得活泼动人，多彩格子窗帘和白底花朵团的地毯使空间呈现出田园派的风格，黑色的铁艺吊灯有很强的复古特色，白色高脚烛台架子竖立在窗边，显得优雅多姿。

358

反光漆桌面

餐厅墙面以带有巴洛克纹样的壁纸铺贴，豪华而复古；墙上金属边框的装饰镜子具有厚重的奢华感；反光的黄色实木餐桌上摆放的精致的高脚杯，在白色的桌布的映衬下十分华丽耀眼。

359

大理石装饰的地面

大理石装饰的地面光洁细腻、质地优良、与白色的餐椅、透明的窗帘的质感形成对比；餐椅的花纹装饰在浅色的餐厨空间里，显得十分浪漫优雅。

白色的瓷器

褐色金属质感的餐椅搭配餐厅地板，使空间显得华丽复古；餐桌上的白色瓷瓶和餐具在灯光的照射下显得温馨、雅致。

361

362

363

弧形靠背的餐椅

餐厅的氛围安静、亲切，米黄色的墙壁搭配纯白色的造型顶棚非常的温馨、祥和，餐桌椅的造型很有特点，餐椅靠背弧线形的边缘设计，给人柔和、优美的视觉享受。

362

精密细致的餐椅

此处餐厅的灯光运用恰到好处，餐桌上的台灯和墙面的壁灯珠联璧合，共同营造了温暖、惬意、舒适的氛围，餐椅设计更是精细，红色条纹布装端庄大方，扶手等细节装饰构造了舒适的客厅。

363

小物品的收纳柜

玻璃门外的自然的景色使室内的原木色地板和实木材质的餐桌有亲近自然的风味，收纳柜子里摆放的小物件体现了屋主对小巧物品的喜爱。

364

欧式装饰的灵动和优雅

植物、屏风、吊灯、餐桌的搭配和穿插，让狭小空间的灵动气质油然而生，白色的田园式餐桌椅流露出优雅的气质。

364

365 欧式华贵的餐厅布置

餐桌椅的造型十分优雅，黑色的地板装饰看起来十分沉稳亮丽，花纹布艺风格的餐椅流露出空间的华贵气质，动物皮作为餐厅的地毯装饰，显得十分豪华气派。

366 花纹布艺风格的餐椅

用红木地板装饰的餐厅看起来十分具有华丽气质，花纹布艺风格的餐椅流露出典雅、浪漫的空间气质，装饰画点缀了屋主个人强烈的艺术气质。

368

餐厅装饰的红与黑

浪漫的花纹地毯带有明显的欧式风格，红色布艺装饰的黑色餐椅看起来稳重而神秘，餐具与餐桌椅的风格保持一致。

367

银色皮具软包装饰的餐椅

欧式复古造型的餐椅在华丽的红色地板的映衬下，显现出豪华的气质，用绿色植物装饰的墙角看起来十分惬意、自然。

温馨的欧式餐厅

在素雅温馨的餐厅里，红色的鲜花看起来十分漂亮，华丽的吊灯晶莹剔透，搭配造型优雅别致的餐桌椅，在白色木质背景墙的装饰下，整个空间都显得明净、高雅。

圆形靠背的古典餐椅

白色是欧式餐厅的主打色，很容易营造出洁白、高雅的空间氛围，欧式餐桌椅的设计和做工一丝不苟，令餐厅呈现出精致的品味。

369

370

371

用铁艺烛台装饰的餐厅

铁艺烛台的装点，使空间显得十分浪漫优雅，黑色铁艺在欧式餐厅里的运用十分广泛。

372

庄重华贵的空间

在深色的地板的映衬下，空间呈现出肃静的气氛，餐椅的造型大气庄重，深红色的软包搭配金属质感的边缘十分具有贵族气质，烛光的朦胧质感营造了特别的意境。

373

用复古八角地砖装饰的空间

餐桌椅的造型优雅复古，浅绿色的软包装饰十分清新并充满活力，搭配黑白组合的复古特色的地砖，使空间显得活泼、雅致。

第五章　时尚典雅

时尚典雅的餐厨空间，为现代众多思想前卫、喜欢追逐时尚的人们所向往，根据人们的对空间的不同理解和需要，利用各式各样的元素、色彩、灯光、原材料等，来营造出气质脱俗、个性特征鲜明的餐厨空间。设计师们用专业的设计思路和前卫时尚的设计理念，带给人们在餐厨空间布置上的启发和灵感。

374

斜线设计引导空间的纵深

在简约风格的餐厨空间里，棱角分明的室内建筑和家居摆设十分静谧，斜切面的屋顶打破了平静的视觉空间，增加了其纵深感；裸露的花色墙砖在空间里独具个性。

375

通透的餐厅环境

黑色的实木椅子使用红色的软包，看起来经典而时尚，搭配灰色系的地板，有种深沉肃静的美感；厚厚的透明玻璃餐桌，令人的视觉空间变得更加开阔。

378

椭圆形靠背的餐椅

餐厅的灯光布置幽暗深邃，浅色的餐桌椅在暗光的照射下，素雅安静。餐椅的造型简约而独特，散发出优雅迷人的气质。

376

现代风格的绿色植物装饰

整个空间的建筑结构都倾向于现代风格，洁白的餐椅和深色的实木椅子风格简约，在绿色植物的合理布置下，对比鲜明而更加清新时尚。

377

螺旋状餐椅靠背设计

不锈钢材质的餐椅和玻璃质感的桌面，现代感极强，螺旋状餐椅靠背的设计新颖独特，流线型的透雕美妙、和谐，在淡雅的空间里，时尚而华丽。

379

380

381

379

拱形门的设计布局

设计师在墙面留下大弧度的拱形门，实现餐厅和厨房的空间相通,黄色的墙壁和浅色的地板使空间的大体氛围偏向于暖色调，餐椅的造型结构个性独特，镂空轻薄的板材十分坚硬。

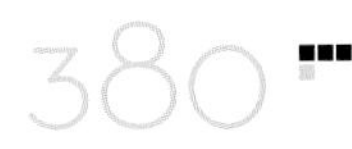

半球形玻璃灯

这是一组时尚靓丽的餐厅布置。橱柜与餐桌椅的色彩搭配一样，都是橙色和白色组合，灰色墙面在橘色的灯光的映衬下泛出淡淡的温馨感，餐桌上布置的玻璃杯晶莹透亮。

381

方格墙砖装饰

在绿色清新的厨房里，米色的瓷砖装饰墙壁，衬托出了空间简约、高雅的格调，方块瓷砖装饰的的墙壁质感突出，舒适而自然。

382

红色墙纸装饰

餐椅的设计别具特色，线面结合，富有设计感；红色的墙纸在此处的装饰，使空间的温馨感倍增，属于写意风格的白色花纹，有很强的艺术表现力，构成了一个时尚的餐厅环境。

382

383

384

383

反光材质的台面设计

黑色餐台在厨房中的布局，彰显了空间的时尚和大气，黑色的反光材质为空间增加了都市感和华丽感，搭配红色的墙壁，透露出优雅时尚。

384

吊灯的造型小巧精致

在白色的瓷砖装饰的墙面上，抽烟机位置搭配咖啡色的瓷砖，使整个黑白色的餐厨空间显得十分时尚、经典；悬着的吊灯设计纤巧精致。

385

厨房顶部的透光设计

黑色的地板、深棕色的橱柜以及灰色的墙壁处理，都不利于厨房的采光，而房顶的透光设计使光线照下来，这样就可以采集到室外明亮的天光了。

386

别有特色的幽静餐厅

黑色的餐桌椅布置在空间的一角，搭配灰色的实木地板，显得十分宁静、雅致；在空间布局上，布置在一角的餐厅令人们的视觉感受开阔而完整。

387

经典、时尚的餐厅

餐厅的原木色地板，质感天然、纯净，如果在柱子的旁边摆放一些绿色的植物，会使空间更具有活力；皮质餐椅在淡雅的空间里，更加显得大气经典。

388

创意分割式的镜面装饰

条形镜面的组合排列，构成了一幅多元化主体内容的画面，将原木餐桌椅的餐厅空间，布置得十分具有现代艺术气息。此外，立式灯光的布置也十分巧妙，暖色的光与淡蓝色的墙壁形成对比，体现了较强的艺术表现力。

389

斑马纹的贝壳吊灯

在此餐厨空间的设计中，使用贝壳造型的灯罩，且具有斑马纹的黑白纹路，时尚、富有创意；黑色的餐椅搭配白色圆形长餐桌显得经典大气。

388

389

392

墙壁好像一片清净的水草

橱柜墙壁光滑、温润、自然的特色质感，散发出犹如水草的气息，十分清透，红色的果蔬与环境搭配巧妙，大有“万绿丛中一点红”的味道。

390

珊瑚色毛绒地毯

餐桌椅的造型简单、优雅时尚，餐桌的造型简约，节省空间面积，餐椅的设计舒适典雅；珊瑚色的毛绒毯和粉色墙壁将空间映衬得十分华丽温馨。

391

厨房、餐厅的动静对比设计

黑色的餐厅布置得沉静、优雅，厨房的设计温馨、明亮，形成冷与暖、静与动的明显对比；灶台墙壁上的灯光设置很有亦幻亦影的效果。

393

集层板装饰墙

使用白漆喷刷在表现贴满碎条石材的集层板上，周边用强烈的光照，来突出空间的自然肌理和层次效果；餐桌上透亮的高脚杯搭配酒红色的餐椅浪漫气氛十足，米色的地砖显得高雅、温情。

394 黄色墙面暖化空间的氛围

把墙面刷成暖黄色可作为营造气氛的要素，非常适合布置餐厅；长方形的黑色餐桌和餐椅的分散布置，使空间开阔，不会造成空间的压迫感。

395 橘红色的瓶花装饰餐厅

餐厅的整体布置简约、时尚。在白色的餐桌上布置橘色的鲜花，看起来十分高雅、别致；厨房的不锈钢高脚椅将空间装点得时尚、大方。

396 圆形实木餐桌

餐桌椅的设计和搭配独特而巧妙，餐桌的柱状结构十分坚固耐用，黑色时尚的椅子与之搭配和谐巧妙，棕色的橱柜沉稳、大气。

397

有橙色家具装点的餐厨

灰色的餐厨风格带给人时尚摩登的视觉感受，在此空间设计里，橙色的家具为灰色系的时尚空间带来一股暖意，一处跳动活跃的色彩，使空间的温馨时尚感倍增。

398

用干枝柴棒装饰的艺术餐厅

米色的餐椅和实木餐桌简单宁静中透露出恬淡和谐的美感； 沿墙壁布置的橙色木质盒子中插放着干枝柴棒，充满了装置艺术的趣味；亚光表面的吊灯显得简约而时尚。

399

反光的大理石地砖

空间的整体布置非常简洁，木材肌理的橱柜风格给人温润、自然的美感；大理石质感的地砖平整光滑，与木制地板衔接的边缘非常明确，远看像一块灰色地毯。

400

不规则圆弧状设计

灰色的餐椅质感突出，弧线形的设计优雅和谐，使空间温馨十足；青苹果为空间带来许多氧气感；白色原木地板在空间里显得自然、明净。

401

黑色实木餐椅

空间的整体布置显得素雅、宁静，白色的整体橱柜在灰色的木质地板的衬托下十分素雅，黑色实木餐椅的设计独特新颖，在白色的餐厅厨柜衬托下显得十分明朗。

402

收纳板的布置

在白色的墙壁上平行布置的黑色收纳板，一方面起到装饰墙壁的作用，另一方面可以放些摆设和常用的小物件。

403

敞亮的餐厨空间

整个餐厨空间宽敞明亮，富有现代设计理念，如房顶、吊灯、玻璃材质、不锈钢材质、直线设计感等。米色原木材质的地板十分自然、雅致，棕色实木餐桌的玻璃桌面质感突出。

404

具有现代时尚感的餐厅空间

黑色的实木餐桌椅在华丽的灯光的照射下，显得时尚而沉静；毛绒地毯散发着舒适惬意，明亮的纱窗使空间充满浪漫气氛。

405

虚线纹理的橱柜墙砖

橱柜墙面的墙砖设计富有特色，虚线状的墙砖搭配深棕色的橱柜经典而时尚；黑白色彩对比构成的地板与空间色彩协调一致。

406

白色橱柜的餐厨空间

白色的橱柜在厨房里的布局使空间显得明亮而开阔，搭配灰色大理石板的柜台，透露出高雅、明净的格调。

407

透视感的空间设计

在黑、白色构成的空间里，黑色线条有很强的扩张力和透视感，白色的空间纯净而简洁，使人心旷神怡。

朦胧效果的马赛克墙

本餐厨的设计明亮开阔，暗棕色的橱柜在白色地板和白色台面的映衬下十分沉稳、宁静，亮灰色马赛克墙在白色的台面上显得朦胧别致，体现了屋主喜欢朦胧、沉稳、纯净的餐厨空间。

411

清新幽静的小绿窗

在白色为主的空间里，粉绿的小窗户是一个吸引人视线的焦点，为空间营造了不少的清新感；餐桌上摆放整齐的玻璃瓶花卉也是空间里亮人眼球的装饰。

409

餐厅的镜面墙

餐椅的造型简洁、优雅，白色长方形的餐桌能够延伸人的视觉；在纯净的白色空间里，墙面镜的装饰自然无痕，使空间显得很空透，从而带给人避免狭小、拥堵的感受。

410

层次丰富的灰色空间

从整体上看，餐厅的用色非常稳，是运用不同层次的灰色来营造的时尚空间。小吊灯的设计简约别致，灯光的晕染也很有诗意，照射在浅灰的台面上像一轮朦胧的月亮。

412

红色橱柜装饰的空间

红色的橱柜装饰的厨房氛围热烈而华丽，搭配白色的墙壁和台面，起到中和调节的作用；透明反光的墙壁材料搭配红色的橱柜，使空间充满了华丽、轻盈和灵动感。

413

溢满中式味道的餐厅

黑色的餐桌椅、褐色的插花瓶、中式纹样的桌布等，彰显了中式餐厅的沉静、优雅；吊灯的设计也充满了中式风味，壁龛里的植物有极强的艺术气息。

414

收纳架子的“阶梯式”布局

橘黄色的橱柜在浅灰色反光地板的映衬下，显得更加的鲜亮、时尚；阶梯式布局的收纳架子富有特色，有强烈的空间构成感。

415

灰色搭配黄色的橱柜设计

在深灰色的台面上摆放着不锈钢的餐具，构建了时尚的餐厨空间；黄色的橱柜搭配白色墙壁使空间显得明亮而清新舒爽。

415

416

收纳墙的餐厨

餐厨的空间布局有很强纵深感，餐桌椅和吊灯的设计简约时尚，收纳墙集时尚和实用为一体，赢得了更多的物品储藏和展示的空间，黑色餐椅与白色餐桌形成鲜明的对比，木碗盛放的青苹果，为空间增添了自然舒爽的快感。

417

吊灯和椅子的对话

方案中使用了原木材质的橱柜和餐桌，在幽暗的空间里，造型精美、独特的吊灯和餐椅上下呼应且排列整齐，在形式上有极强的美感；绿色的植物放置在餐桌上显得秀雅、清新。

419

创意化造型的毛刺灯罩

在空间布局中，灯罩的设计别具一格，带有非常鲜明的个性特征，毛刺状外表的灯罩是从自然植物中汲取的灵感，独具创意。

418

纹理精美的大理石台面

餐厨的布置使用深咖色和米色搭配，大方而朴雅。大理石台面的咖色餐桌和米色的餐椅，设计简约时尚，质感鲜明突出，精美的大理石纹理自然而富有艺术美感。

420

浪漫纱窗的餐厨空间

空间的整体设计富有时尚感和现代气息。酒红色的橱柜搭配白色的厨台优雅大方；不锈钢材质的冰箱和玻璃材质的餐桌使空间看起来豪华而明亮，纱窗的设计为空间营造了一丝浪漫的气息。

421

用荧光红色装饰白墙

空间环境明亮雅致，在原木地板和白色墙壁装饰的空间里，白色的橱柜搭配黑色的台面素雅而宁静，餐桌椅的造型简约而结构坚固，十分耐用；在空白的墙上使用荧光红色来装饰，为这个平淡的空间带来了跃动感。

422

纯净、素雅、温馨的空间环境

玻璃餐桌搭配卡其色的椅子在明亮的空间里显得十分雅致；原木色的橱柜搭配白色的墙壁和地面更加彰显其天然去雕饰的纯净气质，餐桌上的瓷瓶和白蜡显得精致唯美。

423

隔断布局的白色屏风

餐椅的设计有很强的形式感，与简单气派的实木餐桌搭配得十分和谐；白色的屏风起到遮挡和分隔空间的作用。

424

田园风格餐厅的布置

在纯净的白色空间和绿色植物的搭配下，白色铁艺网格餐椅十分具有田园浪漫的特点；窗台上摆放的烛台，显示了屋主在生活中的浪漫个性和细腻心理。

425

创意造型的瓷瓶

空间整体布局紧凑而精巧，白色、原木色组合搭配的橱柜别具特色；不锈钢材质的橱柜门为空间带来时尚豪华感；乳白色的墙壁增添了空间的温馨感；创意造型的瓷瓶成为空间的重要装饰。

424

425

428

格子窗的设计十分别致

白色的橱柜和米黄色的墙壁将空间装点得温馨纯净，透明的高脚杯对比大理石质感的桌台，显得清脆透亮；窗户设计也十分可爱，显示出主人精致、有趣的生活特点。

426

现代感的欧式餐桌椅

餐厅的设计开阔，黑色框框的玻璃窗透露着时尚感，廊柱式线脚设计的白色餐桌椅明净、简约；餐桌上的鲜艳花为空间营造了浪漫的气氛，镜面墙的设计使空间显得开阔、通透。

427

时尚镂空的装饰门

餐厅的黄色地砖设计具有复古的味道，复古的白色餐桌椅显得休闲、典雅；使用镂空效果来装饰门，具有很强的现代时尚气息；使用蓝白条纹装饰的椅垫显得时尚、舒适。

429

简约风的餐厅空间

整个空间给人一种时尚、随性的感觉，白色的餐椅设计简约轻盈，纵横摆放的长桌显示了主人随性自由的生活态度。

430

时尚精致的生活空间

白色的橱柜搭配不锈钢质感的餐厨和厨具，能够彰显屋主精致时尚的生活品位和空间，石榴和红酒摆放在白色的台面上十分抢眼。

431

水晶吊灯彰显华丽

灰蓝色的墙壁显得稳重而复古，搭配深咖色的地板，共同为空间营造了优雅复古的味道；网格状的桌布搭配米白色的餐椅，为空间增加了灵动的气息，黄色水晶吊灯十分华丽。

432

华丽低调的橱柜设计

质感光滑的白色橱柜，搭配复古防滑的花地砖，低调中掩不住华丽。反光表面的橱柜，使整体空间显得轻盈灵动。

433

434

435

433

黑色复古的吊灯

空间布置得十分沉静优雅，餐桌椅的造型简约时尚，绿色植物使空间有了氧气感，黑色的吊灯造型美观、别致，增加了空间的灵秀之美。

434

灰色厨台的空间

在以白色调为主的黑、白、灰空间中，白色奠定了纯净的基调，黑色和灰色的搭配使用为空间塑造了时尚感；木制的切菜板和绿色蔬菜使空间变得自然、活泼，有了生命感和生活气息。

435

群青色的橱柜是一大亮点

与其他颜色不同，使用群青色的橱柜能够为空间营造时尚和富有活力的氛围，墙壁采用浅蓝色，对高纯度的橱柜起到适当的协调作用。

436

由紫色、玫红色装点的时尚空间

在灰色空间里，搭配使用玫红色和紫色的餐具，可缓解空间的沉闷感，从而使空间有强烈的跳跃感。

436

437

淡雅芬芳的空间

餐桌椅的设计时尚舒适，在白色的桌布上摆放着洁白淡雅的花朵和花青色的茶具，似乎可以嗅得到房间里溢满的花香和茶香的味道，反映了屋主高洁的气质。

438

开阔、整洁的餐厅布局

整个空间的色调统一、和谐。白色的餐椅搭配棕色的餐桌，更加衬托了餐椅的洁白、优雅；白色餐台上的淡蓝色餐具和橙色水果色彩鲜亮，起到了丰富空间的作用。

439

华丽温馨的餐厨空间

橘色搭配白色，在灯光的照射下十分华丽温馨。餐椅弧线形的设计流畅婉转，充满现代感和艺术气息；此空间里灯光的布置也十分精妙，白色的橱柜在灯光的作用下，流露出华丽的气质。

对角放置的桌布

在洁白的空间里，红色地板使空间充满了暖意。在洁白的餐桌上调角放置的红、黄色桌垫，撞色的搭配，产生了响亮的视觉效果；独树一“枝”的不锈钢插瓶有种华丽清新感。

441

海景餐厅的餐桌椅

餐厅的面积十分开阔，这就为空间布局留下很大的发挥空间，通透开阔，餐桌椅及家具的风格应该大气端庄、有厚重感。

442

实木凳子与花卉

黑色的实木凳子在白色的餐厨空间里很醒目，凳子的造型简约，与厨房的整体风格相协调一致；黑色的餐台上摆放着红色的花卉，把空间装点得清新雅致。

445

灯光与上层橱柜的布局

厨房的灯光设置在布局上可以争取到更多的空间，令空间有明亮开阔的视觉效果；上层橱柜的布置偏高，金属色的餐厨在光的作用下，华丽而宽敞。

443

白色瓷砖墙和条纹吊顶

白色的瓷砖墙为空间增加了明亮度，搭配咖色的橱柜显得十分有韵味；条纹状的顶棚设计，利用空间的线性透视增加了空间的纵深感。

444

用灰色打造时尚另类的餐厅

在灰色为主的空间里，设计师利用空间布局和物体的造型来突出其另类的时尚感，优雅造型的餐椅为空间赢取了极强的设计感，餐桌上的物品及其他的悬挂装饰品和木板上的物品，丰富了空间的层次和布局，展示了一个丰富多彩的空间。

446

带有钟表的餐厨空间

在这个黑、白、灰的精致空间里，挂在墙上的厨具摆放得整齐有序；鸡蛋、蒸锅等做饭的场景，充满了生活气息。

447

雾化玻璃表面的橱柜

灰色的橱柜搭配白色的餐椅，彰显了屋主的时尚品味；橱柜上的雾化玻璃门有种朦胧别致的美感； 窗台上的插花和桌面上的黑色工艺品，体现了屋主个人的喜好。

448

橙色果疏点缀的时尚空间

在白色的餐厨空间里，不锈钢材质的锅显得时尚、精致，黑色的煎锅有种沉静的美，橙色的果疏成为点缀空间的重要色彩，活泼而具有跃动感。

451

黄色壁纸丰富空间的层次

餐桌椅的造型简约而独特，富有现代设计感；白色的球形吊灯与餐椅的颜色相呼应；空间使用黄色的壁纸使空间具备温馨特点的同时，丰富了空间的层次。

449

大红花朵的餐椅

带有玻璃窗的餐厨空间明亮、清透。餐桌的造型大气经典，红色透明的餐椅搭配黑色的实木餐桌，看起来简洁大方；暗色复古风格的地砖，更加衬托了空间的纯净感。

450

紫色营造出的高雅格调

在有紫色花朵和透明高脚杯装点的空间里，米色木质餐桌中和了空间偏紫的色彩倾向，紫色的墙壁也有一种轻透感，共同营造了一个时尚高雅的餐厅环境。

452

艺术的背景墙

背景墙的装饰采用了大幅的抽象画，为空间营造了强烈的艺术气息；餐桌椅的设计风格简约、大方，结构稳固；吊灯的灯罩使用反光材质，有很强的现代华丽感。

453

棋盘格的地砖设计

浅绿色的马赛克墙砖使整个空间弥漫着清新的味道；棋盘格式的地砖搭配原木质感的橱柜看起来经典而时尚，反映了屋主喜欢亲近自然、时尚现代的生活态度。

454

带有落地窗的明亮空间

在此餐厨设计中，落地窗结构的空间十分宽敞明亮。餐桌的设计简约质朴，搭配黑色时尚的餐椅，显得十分大气；吊灯灯罩的设计在传统的基础上，融入了现代的材质和工艺。

455

灰色自然格调的餐厅

空间的餐桌椅属于不同层次的灰色，造型简约而时尚，在白色地板的映衬下，散发出经典的气质；竹子的装饰，为空间增加了自然、亲切的气息。

456

时尚庄重的餐厨空间

深咖色的整体橱柜搭配银白色的边框和白色的墙壁，给人一种庄重、时尚的气质；橱柜上方保留的凹槽实用美观，可作为收纳功能来使用。

457

仿古造型的吊灯

在黑色橱柜装点的空间里，浅绿色的柜子搭配粉紫色的墙壁显得时尚而清新；简约的餐桌和毛绒质感的餐椅，带给人温馨舒适感；幽静的黑色铁艺吊灯增加了空间的古韵、时尚的味道。

458

特殊装饰的背景墙

红色桌布搭配黑色的餐桌椅，显得时尚而经典；黄土色的窗帘搭配黑色地砖，令空间有种古朴意味；在有木质凸起装饰的背景墙上，采用灯光设计营造了华丽、有层次感的视觉效果。

459

华丽的红色餐椅

黑色橱柜的台面使用白色显得整洁、明亮，使用红色设计的餐椅和小柜子为空间营造了时尚华丽的气息，彰显了屋主时尚的生活品位。

459

460

461

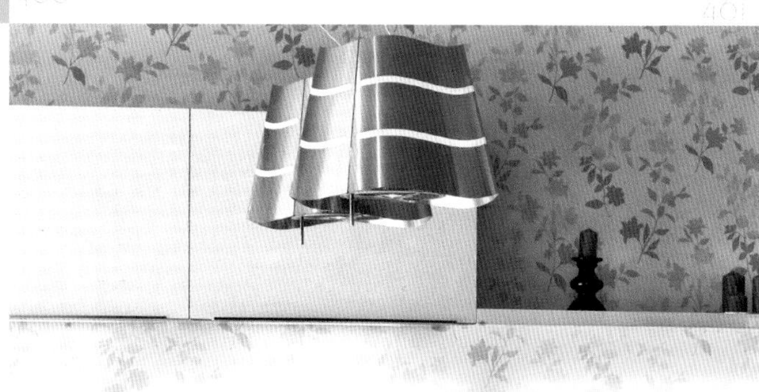

462

黑色厚重的餐桌

黑色简约的餐桌上，白色的茶具和白色镂空的餐垫，显得精致、秀雅；红色的餐椅简约时尚，与与黑色的餐桌搭配，十分经典；白色的橱柜设计简洁大方，与黑色形成分明的对比。

用灰色复古墙纸装饰的空间

白色的餐台上，摆放着精致小巧的高脚杯，搭配两盏华丽时尚的吊灯，共同营造了空间的时尚华丽感；带有复古特色的灰色花纹墙壁与灯罩的银灰色相呼应，显得格外的雅致。

绿叶白花，别有一番雅趣

灰色的餐台上，安静的摆放着一盆白花，黑白各半的花盆设计十分有趣，更加衬托了白花的宁静素雅。

有照明设置的抽烟机

白色的橱柜和餐台设计简约时尚，在灯光的照射下显得皎洁明亮；抽烟机的设计也新颖独特，在抽烟机边框上设计有照明功能，可以使空间足够的明亮。

现代时尚感的布置

深色的桌面有很强的反光，使空间具有现代时尚的动感，浅蓝色的桌布装饰餐桌，点缀了居室的清新气质。

厚重与时尚衔接

深色的家具布置在餐厅里，显得厚重、安静，时尚布艺地毯的布置，降低了空间的重量感，也充满了时尚气息。

465

用复古时尚纹样装饰的餐椅

餐厅的地毯搭配黑色的餐桌和餐椅，更加彰显了空间的时尚、大气；餐椅的装饰采用复古的纹样，白底黑花的色彩对比鲜明，看起来复古又时尚。

467

白色大理石的餐桌

黑色的餐椅搭配白色大理石的餐桌简约而时尚，大理石的色泽温润洁白，质地光滑坚硬，营造了一个通透的餐厅环境。

466

468

水滴造型的白色吊灯

肉粉色的餐椅搭配原木色的餐桌，显得明净大方，给人带来自然亲切的视觉感受；吊灯的设计，犹如下垂的水滴，显得明净优雅。

469

光滑质感的橱柜设计

空间的白色墙壁和浅咖色的餐台为空间营造了纯净温馨感，光滑材质的橱柜在灯光的作用下，华丽明亮；餐台上摆放着精致的高脚杯、红酒、水果等，丰富了空间的元素和色彩。

470

餐椅的色彩对比造就了时尚空间

餐椅的造型十分独特，黑色餐椅与红色餐椅形成鲜明的对比，有很强的视觉冲击力，赋予了空间时尚的意味。

473

时尚田园的餐厨

空间布局完整开阔，在室内就可以轻松的感受到室外的田园景色。高脚餐椅的造型精美，做工细腻，由此可以感受到屋主时尚、精致的生活品味。

471

米色防滑地砖的空间

在灰色墙壁的映衬下，空间充满沉静的气质。红色的橱柜搭配米色的地板，为空间营造了温馨的气氛；灰色的厨台搭配白色的台面，显得雅致、洁净。

472

创意弧形的橱台布局

灰色防滑的地砖搭配原木质感的橱柜，有种复古的味道，黑色的餐椅造型独特，弧线形的厨台简约流畅，有很强的设计感，反光的黑色台面流露出空间的时尚气息。

474

为空间营造一片放松的绿色景象

黑色的橱柜搭配白色的台面沉静优雅；设计师把墙壁用绿色来打造，为黑、白色两色组建的空间带来了清新、舒缓、愉悦的快感。

475

鲜花点缀的空间

米色橱柜配搭灰绿色的墙壁，为空间营造了雅致、寂静的美；柔亮的吊灯安静的悬在空间；黄色的鲜花摆放在餐桌上，让人看了以后，顿觉赏心悦目。空间总体的布置风格，反映了屋主时尚、高雅的生活情调。

476

绿意盎然的餐厅设计

空间使用绿色、白色两种色彩搭配组合营造了一个充满活力、绿意盎然的餐厅空间。橱柜和桌椅的设计简约明了；白色反光材质的餐桌上摆放着玻璃器皿，显得精致、纯净；橱柜墙壁用黄绿色的瓷砖装饰，华丽耀眼。

T 20 MIN

477

478

479

477

酒红色的墙壁打造的时尚空间

酒红色的墙壁为空间营造了华丽的质感，横隔板上摆放的白色工艺品彰显了主人细腻的文艺气质；白色墙壁和黑色的橱柜形成了经典的黑白对比，抽屉式的橱柜设计时尚美观又实用。

478

独具创意的吊灯设计

白色的墙壁上有几道浅浅的影子，层叠质感的吊灯在白色的墙壁上，更加富有层次变化感；黑色的餐椅设计较为低矮，显得十分可爱，餐桌造型简约中不失时尚大气。

479

流动着时尚气息的餐厨空间

餐桌椅和厨台的设计使用了圆弧形状的元素，表达了设计师独特精巧的构思和灵感。黑色的厨台与高脚餐桌椅的设计充满了现代时尚感。

480

用黄水晶吊灯装饰的空间

餐桌上布置的高脚杯、餐具和各色的蜡烛等显示了主人浪漫的情怀；在深色的空间里，白色的家具和装饰画营造了空间不同的层次感，水晶吊灯的布置使空间充满了华丽的色彩。

480

481

自然色地板的空间

橱柜的设计风格简约时尚，黑色反光材质的厨台，看起来大气沉稳；黄色的餐椅设计精巧玲珑，在灰白色的大理石地面的映衬下，有种亲切温馨感。

482

怀旧简约的餐桌椅

在灰绿色调的餐厅里，空间充满了怀旧温馨的气氛。餐椅的设计简约大方，搭配白色的餐桌，使空间看起来高雅、素净，餐桌上的铁艺花朵造型别致、新颖独特。

483

古老的黑瓶装饰

原木质感的餐桌使用了深色的桌布和黑瓷瓶来装点，在深色的墙壁的烘托下，有种古老朴素的气息；橘色的餐椅和明亮的灯光为空间营造了温润的气质。

484

梦幻排列式的灯光效果

此空间的设计师利用灯光营造了空间的层次感，排列式布置的灯光照在墙壁上，制造出童话般的光影效果，磨砂质感的墙壁装饰体现了自然、随性的氛围。

485

莲花吊灯的时尚空间

在这个充满时尚和现代气息的空间里，弧线形的造型表达和莲花状的吊灯显得独具创意，体现着屋主独特的时尚品味和表达。

486

用青苹果装点的空间

橘色的餐厨充满了复古味道，金属不锈钢质感的装饰给空间带来华丽的气息，在塑钢材质的餐桌上，清新的青苹果，为空间带来了无限的生机和活力。

489

营造浪漫的就餐氛围

墙面壁纸、灯光及时尚插花的搭配和布置，为营造浪漫的氛围起到了很好的装饰作用，体现出屋主典雅的居室品位。

487

网状装饰的墙壁

橱柜的墙壁用黑色网格状的装饰，显得大气、时尚；在暖黄色地板的映衬下，黑色餐台和暗橙色的橱柜显得温馨华丽，如果再加上绿色植物的装点，空间会更加时尚、有活力。

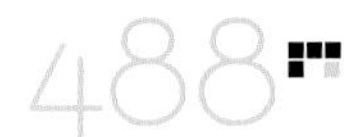

橘色鲜花活跃餐厅的气氛

空间的设计和布局显得开阔、明亮，深浅组合搭配的中式餐桌椅在橘色地板的映衬下显得端庄、优雅；橘色的橱柜墙壁温馨、响亮，与白色的橱柜搭配尤显时尚气质；餐桌上的橘色花朵起到活跃空间氛围和丰富色彩的作用。

490 

橘色的百褶灯

空间气氛纯净优雅，立式台灯的布置具有现代气息，带有小盆栽的桌子造型十分稳固，橘色的台灯为空间营造了温馨感。

491 

镜面墙布局改变了空间的视觉大小

洁白简约的餐桌上，摆放着摆列整齐的小酒杯，它们显得十分精致可爱；用镜子装饰墙壁有助于舒缓空间的压力，令空间明亮通透，改变了空间带给人的视觉感受。

492

梦幻、清透的窗

厨房的布局充满了纯净、雅致的气氛，灰色的防滑地砖和白色的橱柜以及不锈钢的厨台组合的空间，显得和谐宁静；设计师利用窗户打造了另一个梦幻、轻盈的蓝色空间，令人神往。

495

用百叶窗装饰的空间

黑色的橱柜在白色的墙壁和灯光的映衬下，散发出时尚的气质，大理石材质的厨台为空间营造了温和自然的气氛；百叶窗的设计具有现代感，美观而实用。

493

纯净雅致的空间

在纯净的白色空间里，设计师通过灯光创造出空间的层次感，营造更加丰富的空间效果。厨台摆放一些色彩亮丽的水果和植物，将会使空间更加具有灵气。

494

带有小窗的简约厨房

窗户的设置使空间的光感强烈，从而令空间通透明亮。黑色的厨台上如果能摆上绿色的植物或白色精致的餐具，将会更加有生活气息，令空间的氛围更加协调融洽。

橘色装点的时尚空间

空间的整体设计简约、实用，灯光的设计营造出空间的层次感；橘色的蒸锅在白色的厨台和墙壁的映衬下十分可爱，与不锈钢材质的灶具搭配显得时尚而华丽，成为活跃空间氛围的重要点缀。

红绿餐椅对比的空间

本案的设计风格亲切活泼而不是端庄优雅。红色的餐椅和绿色的餐椅形成对比，浅灰色的反光地板及白色的餐桌和墙壁为空间的氛围定调，纯净优雅中不失活泼和活力。

498

灰色磨砂质感的墙壁

墙壁装饰富有特色，灰色磨砂墙壁传递出了温厚的质感，有效地中和了橱柜的高纯度和冷度，餐具和各种灶具令空间的整体氛围时尚另类 而不失温和亲切。

499

兼具收纳功能的餐台设计

餐台经过精心规划，一方面满足用餐的需求，使用原木色的台面温馨而舒适；另一方面，竖排抽屉可供收纳储藏的空间。

500

玻璃材质营造轻盈前卫的空间

设计师将玻璃材质运用在餐桌和柜子上，渐渐的延伸出厨房的现代时尚、轻盈别致的特点。

501

玻璃鱼缸丰富空间的表情

简洁的白色餐桌上摆放着整齐的酒杯，显得小巧优雅、灵活可爱；玻璃鱼缸的设置，令空间充满生机和活力，活跃了空间的氛围，丰富了空间的表情。

502

特色鲜明的简约空间

在原木色的地板上的酒红色餐椅造型优雅简约，看起来舒适温馨；高脚餐椅的线条纤细，充满设计感，吊灯的设计也有同样的视觉感受，但更多了一丝随性自然的感觉，整个空间的设计感鲜明并富有特色。

501

502

505

自然光影效果的空间

房间里的窗户布置使得空间的光感强烈。餐桌椅的造型十分稳固，有一种惬意舒适的味道；圆形的餐桌设计体现了屋主和谐的心境，红色的地板为空间营造了温馨感。

503

自然温馨的餐厅

天然材质的地板绿色环保并搭配肉粉色的餐椅，彰显出温馨舒适的质感，整个空间洋溢着和谐的氛围；圆形玻璃餐桌透明、简约，使空间有种轻快活泼感。

504

绿色墙壁

绿色的墙壁设计醒目独特，使人身心得到解放，精神焕发；与绿色的墙壁形成对比的红色橱柜，造型简约、随性，搭配各种灶具，使空间充满了生活气息。

506

厚重雅致的空间设计

黑色的实木餐桌椅有种厚重坚实感，米色的餐椅典雅大方，而又舒适自然；餐桌上摆放着的高脚杯白瓷餐具和蜡烛等，在空间环境中显得丰富饱满，黑色木质吊灯厚重结实。

507

带有廊柱式设计的餐厨空间

白色的橱柜搭配黑色的台面大气而经典，柜门的造型富有现代气息；室内的廊柱设计有明显的欧式风格，体现了屋主浪漫时尚的情调。

508

带有张力的餐椅造型

黑色的橱柜搭配白色的台面和灰色的地板，显得经典而时尚；餐椅的造型结构大气挺拔，有种向上的张力；透明玻璃上的餐具精致考究，体现了屋主时尚细致的生活品位。

509

宝石蓝色的台面

白色的橱柜在原木材质地板的衬托下，温馨淡雅；餐台上的台面采用宝石蓝色的玻璃材质，时尚而华丽，餐台上的工艺品、水果和植物等丰富了空间的表情。

510

自然古朴风格的餐厅布置

灰绿色的餐椅搭配实木材质的餐桌，带给人异样的感受；未经涂刷的墙砖与餐桌椅的味道相融合，构成了自然古朴的餐厅风格。

511

白色大理石台面

白色的橱柜搭配白色的大理石台面，使空间的氛围显得纯净而透亮，玻璃材质的酒杯、水杯、储物罐等在坚硬光滑的大理石的映衬下显得清脆动人。

514

营造空间的层次感和光影

设计师在此次设计中，使用灯光来营造空间的层次感和美轮美奂的光影效果，绿色的墙壁成为空间最具活力和跳跃性的色彩。

512

减压效果的时尚领地

靠近落地窗的明亮空间里，清新的绿色橱柜搭配自然材质的原木色地板，让人仿佛置身于自然界中，有助于舒缓人们紧张的神经，减少身心的压力。

513

咖色空间的灯光布置

在这个餐厅的方案设计中，灯光的运用是一大特点，灯光的巧妙布置为空间带来了浓厚的神秘色彩；棕色的餐桌椅与整个环境的气氛协调一致； 柜子使用绿色装饰，为神秘的空间增添了活力和清新感，体现了屋主时尚、静谧的特点。

515

置身自然的空间设计

房间的结构高耸宽阔，室外的风景优美，明亮的落地窗极大地满足了人们喜欢亲近自然的心理， 设计师采用白色的地砖，令空间更加明亮通透。

516

黑色台阶划分空间

本案中白色的餐桌椅造型十分简约，在米色的地砖的搭配下显得洁净雅致；黑色的台阶划分了餐厨与其他区域，同时也丰富了空间的层次感和色彩关系。

517

造型别致的餐椅

墨绿色的餐椅造型简约，有很强的设计感，在米色地板的映衬下更显其优雅的体态；粉绿色的墙壁与红色的橱柜之间存在着微妙的对比关系，丰富了空间色调。

517

518

生活气息浓厚的空间

由浅黄色和红色搭配组合的橱柜别有一番风味，在白色的厨台上，精巧的瓷碗、不锈钢锅、水果等为空间增加了不少生活气息。

519

用时尚的配色装点空间

在洁白的地板装饰的空间里，使用红色、白色、粉绿色组合装饰的墙壁，为空间营造了时尚浪漫感，造型简约的餐桌椅在这样的环境下显得轻盈、雅致 。

520

一抹华丽的红色

深棕色的橱柜搭配白色的厨台，显得时尚而典雅；鲜红的橱柜彰显其华丽的特色，有种惊艳的美感；灰色墙壁装饰更好地协调了空间色彩的强对比。

521

暖色差异拉开空间的层次

红色的整体橱柜营造了一个热情奔放、华丽温馨的空间，暖色系的土黄色地砖和砖红色的墙壁，将空间的层次拉开，中和了空间的高涨气氛。

522

古朴素雅的浅色地砖

餐厅的灯饰造型别致、富有古典特色，搭配深红色餐椅、黑色餐桌和浅色的地砖，使空间富有内涵、充满人文气息。

523

现代风尚的餐厨空间

咖色高脚餐椅的造型时尚，搭配白色的餐台显得优雅、休闲，镜面橱柜打破了灰色的沉闷，与红色的墙壁共同营造了华丽感。

524

有光照和绿色植物的时尚空间

在白色墙壁的空间里，带有光泽的红色橱柜与灰色的大理石厨台显得靓丽时尚；创意造型的白色高脚餐椅非常抢眼；室内的光照和绿色植物为时尚的空间带来了自然的灵气。

525

带有红色杯子的宁静空间

原木材质的橱柜在白色墙壁的搭配下，显得和谐宁静；造型简约大气的白色餐桌上有一大一小的红色水杯，在阳光的照射下华丽耀眼。

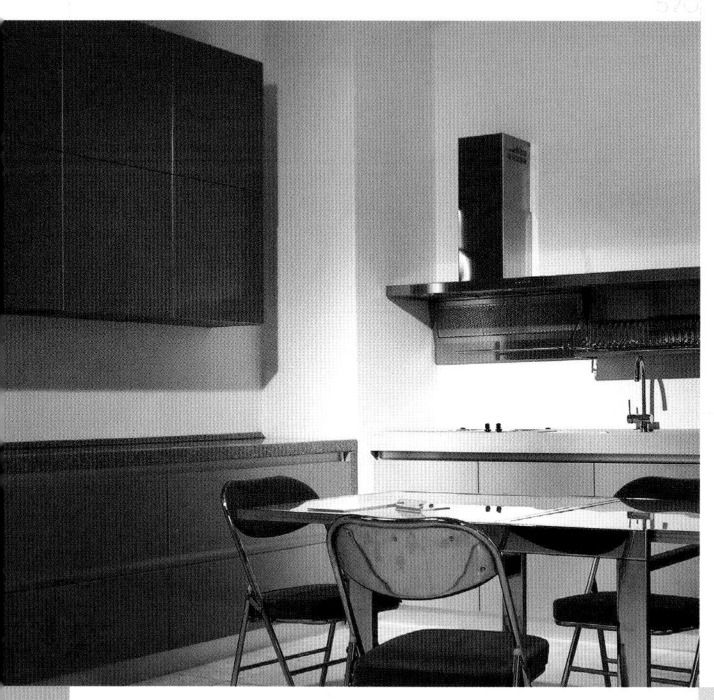

528

黑色演绎经典时尚

电视背景墙的橘色、红色装饰，使空间氛围热烈高涨；黑色的漩涡纹地毯看着大气时尚，与黑色的餐桌椅共同营造了空间时尚经典的美感。

526

咖色餐椅与橙色柜子的格调对比

浅灰色调的橱柜与咖色的餐椅搭配形成了空间的怀旧情绪；橙色橱柜欢快跳跃，与空间里的不锈钢材质形成华丽时尚的格调，这两种氛围在白色墙壁和地砖构成的空间里相融合。

527

复古风情的餐厅

黑白对比鲜明的大花纹地毯给人强烈的视觉冲击，搭配枚红色的餐椅、白色的餐桌，有种时尚复古的气息；豪华精致的巴洛克式花纹图案装饰在灰色的墙上，显得古典豪华。

大地色系的空间

空间全部使用天然材质的木质家具来设计。马赛克的墙壁、咖色的餐椅和地毯等都是采用大地色系布局，增加了空间的自然感；淡紫色的餐碟摆放在白色的实木桌子上，格外漂亮、雅致。

优雅复古的餐厅空间

空间的墙纸设计采用巴洛克式图案纹样，很有复古的特色；米色的餐椅搭配黑色的实木餐桌，有种优雅、柔和的气质；黑色复古造型的台灯在灰色的墙壁的映衬下，呈现出秀美的姿态。

532

通风透光的自由空间

空间的通风透光条件良好，屋主有幸可以领略到室外环境的绿色清新；白色的餐椅搭配咖色的餐桌和地毯，十分优雅；岩石肌理的背景墙更加体现了空间的自由舒适感。

530

531

不规则排列的水晶灯

在黑色的空间里，水晶吊灯是这个空间里最亮眼的一处设计，水晶灯的不规则排列为黑色寂静色空间增添了惬意放松感；餐桌椅的设计美感十足，配合桌上的工艺品显得精致、可爱。

531

533

打造经典、永恒的空间环境

这个空间的设计十分温馨，咖色的餐桌和卡其色的餐椅在吊灯及各种灯光的照射下，十分经典大气，充满温馨的空间里，亦有种恒久的静美 。

534

温馨格调的复古餐厅

本案餐椅的造型复古优雅，搭配暗金色的花纹墙纸显得唯美别致；白色的餐桌上摆放的精致高脚杯和黑色蜡座，搭配墙边的白色花朵展现了屋主秀雅、高洁的情怀。

535

现代感强烈的蓝色空间

菱角分明的造型结构和金属质感的装饰，令空间洋溢着强烈的现代感，蓝色的顶棚和吊灯设计时尚又实用，体现了屋主大气、豁达又具备时尚品味的特点。

536

柠檬黄色营造青春时尚的空间

用柠檬黄色装点的空间洋溢着青春的活力，在白色墙壁的映衬下，整个空间的氛围干净温暖而清爽明快，餐台上的插瓶和装饰画体现了屋主精致、高雅、时尚的生活品位。

537

小巧的绿色植物

空间整体布局突出小巧的特点，餐桌、餐椅，尤其是餐桌上的绿色植物，在光的照射下充满了对生命、生长的渴望。

538

复古气息的时尚空间

此空间的地砖设计、餐桌椅设计和收纳柜的设计都充满了复古的气息，收纳柜上的瓷盘在视觉上构成了一种形式美，令空间充满了现代时尚的气息。

539

粉色花朵装饰的空间

大地色系的空间布置简约、宁静。餐桌椅的造型和颜色，在灰紫色的墙壁的映衬下安静、沉稳；粉色花朵的装点使空间洋溢着生命和浪漫气息。

538

539

542

有亲和力的餐厅

空间的餐桌椅造型简约、材质天然，搭配绿色植物和充足的光照，洋溢着舒适温馨的亲和力，居住在这样的空间里，人能够最大限度地放松身心，享受美好的生活。

540

独特另类的餐椅造型

在原木地板的映衬下，白色的墙壁和餐桌椅显得十分纯净、自然，餐椅的造型特色鲜明，优雅纤细的脚线设计流畅自然，椅座使用格状设计，舒适体贴，令空间充满温馨感。

541

时尚怀旧的空间布置

这个空间的墙壁、地面、餐桌椅设计都蕴含着时尚的理念，体现了屋主对时尚的嗅觉敏感度；空间的总体是一种怀旧的色彩，插瓶的插花以及裸露的墙砖，能让人想起过去。

543

幽深高雅的空间格调

赭色的橱柜设计简约大方，搭配黑色边框的玻璃窗和浅色的地砖有种幽深宁静的气质；卡其色的餐椅设计时尚而高雅。

544

开放式橱柜的设计

橱柜的墙砖富有华丽的质感，浅绿色的马赛克精密细致，散发出华丽的光泽；在黑色的收纳架上，浅绿色的杯具由于灯光的照射更显时尚雅致，厨台上摆放的精细的瓷器，体现了屋主细腻考究的特点。

第六章　风格混搭

在同一空间环境里，橱柜、餐桌椅和各种装饰材料之间看似漫不经心的组合、排列，却能够营造出富有创意、别具特色的环境。其中，特色的装饰非常重要，如藤制餐椅往往带给人自然惬意的感受，裸露的墙砖展现屋主的随性浪漫，透过落地窗的外景则实现了人们的田园梦想， 切记要把握得当，空间才能混而不乱。

545

546

547

545

菱角边缘富有设计感的橱柜

厨房的面积较为开阔，不锈钢材质的冰箱在原橱柜的空间里有种豪华感，黑色台面的橱柜菱角设计很有特点。

546

温馨质感的空间

原木特色的橱柜设计厚重淳朴，同时透露着温馨感，餐桌上的食物和餐具以及厨台上的木质工艺品，体现了主人浓厚的生活趣味；绿色的植物盆栽不仅丰富了空间颜色，还带来了氧气感。

547

质感突出的黑色地板

橱柜的整体设计考究、精致，橱柜墙壁使用八角砖来装饰，有种复古的感觉，台面上清亮的陶瓷工艺品，更加衬托了大理石的坚硬质感。

548

独享自然的岩石肌理

白色的橱柜设计十分考究，显示出屋主喜欢白色、内心细腻的特点；自然肌理的大理石台面和编织的花篓，展现了主人亲近自然、崇尚自然的生活态度。

548

549

549

橘色背景的餐厨空间

空间的直线运用为空间增加了设计感，在灰色系的餐厨空间里，黄色和橘色营造了整体空间的温馨感，橘色的墙壁搭配不锈钢材质显得华丽、时尚。

550

天然质感的餐椅融入欧式餐厨

餐椅突出了原木特色，其造型朴素、材质天然，与餐台上的绿色植物相呼应，为空间增添了自然淳朴的气息。

551

优雅格调的餐厅布置

餐厅的布置风格明净优雅，地板使用八角防滑地砖铺设，有种复古的味道；餐椅的脚线设计流畅婉转，椅子上的浪漫花纹透露出甜美的气息。

551

550

552

554

553

552

沉静简约的厨房

卡其色的墙壁为空间营造了柔和沉静的美感，褐色的橱柜搭配原木色的台面显得气氛和谐、低调；复古红色的墙壁装饰凸显了空间沉静的气质和大气的美感。

553

温馨明净的田园餐厨

黄色的橱柜在黑色家具的映衬下，温馨而华丽；实木的餐椅使用粉绿色、黄色、深红色的竖形条纹装饰，活泼而清新。

554

深咖色的厨房墙壁

深咖色搭配白色的餐桌时尚高雅，深色的玻璃橱柜设计简约时尚，厨台上的收纳柜体现了厨房设计实用性的特点。

555

混搭元素的餐厅

深色原木地板上的带有浪漫花纹的白色地毯与深蓝色的餐椅相映衬，为空间营造了浪漫优雅的氛围；青花瓷器带有明显的中国古典特色，显得十分雅致；桌上的白花和墙角的绿色植物给空间带来自然感。

556 自然混搭演绎餐厨空间

空间的色彩对比鲜明丰富，整个餐厨空间充满了随性自然的味道。绿色植物的装点为空间带来了春天感；黄色大理石台面使空间的氛围温馨而和谐。

557 蓝绿色调主导的空间

蓝色餐椅在整个空间里的布置充满了儒雅气质，与暖黄色的灯光和墙壁形成了对比，绿色作为中间色，起到很好的协调作用和活跃空间氛围的作用。

558 热闹的餐厨氛围

深色的木质地板稳重而坚固，实木餐桌和餐台在沉稳中显示出大气端庄的气质，绿色的盆栽以及白色的花卉使空间热闹非凡。

559

豪华装饰物点缀空间

在灰色的墙壁上，金属质感的装饰物为空间带来了豪华感，餐桌上摆满了食物和餐具，整个空间洋溢着温馨华丽感。

560

材质混搭营造丰盈的空间

本空间的布置显得丰富，石质地板搭配实木材质的餐桌椅和不锈钢的高脚椅子将空间装点的厚重而高雅；鲜花的摆放起到重要的作用，令整个空间充满了生机和活力。

561

自然淳朴与时尚华丽的碰撞

自然淳朴特色的橱柜设计与实木材质的地板浑然一体，为餐厅营造了恬淡明朗的氛围；复古华丽的红色地毯、餐椅和餐桌的搭配显得时尚而充满特色，酒红色的墙壁将两者融合在同一个空间里。

560

561

564

带有装饰画的时尚空间

餐厅的墙壁颜色干净而整洁，黑色实木餐桌椅在空间里显得大气明朗，椅子的靠背处使用编织的手法，坐上去非常的舒适温馨；墙上的装饰画体现了主人时尚的艺术品位。

562

岩石垒砌的墙壁

在时尚简洁的空间里，岩石砌成的墙壁显得自然、粗犷，搭配木质的餐桌椅与现代感的不锈钢材质形成对比，使空间和谐之中也有对比。

563

复古风尚的餐厅布置

透过淡粉色的明亮温馨的玻璃窗，能够看到室外的绿色风景。餐椅的设计充满华丽复古的特色，透明玻璃餐桌上的餐具和其他摆设能够看出主人对古典风格的兴趣。

欢快的装饰画营造热闹的空间

红色的橱柜搭配白色的厨台使空间洋溢着华丽的气质，橱柜上的花卉静物装饰画欢快而活泼，显示了屋主在日常生活中喜爱活泼、热闹的空间氛围。

时尚高雅的绿色餐椅

洁白的墙壁上，金黄色百褶环形装饰物充满了趣味性和可读性，绿色的餐椅设计在白色的纯洁空间里彰显了时尚的特色，同时还跟红色复古实木地板形成对比。

自然纯净与优雅时尚并重

白色的餐椅造型优美，搭配简约风格的餐桌和深色实木地板，更能突出白色餐椅的优雅浪漫，窗边的窗帘和绿色植物洋溢着自然纯净的气息。

3

024

568

手工编织的餐椅包装

椅身和椅座采用手工编织的工艺，在橘黄色的地板和绿色植物的映衬下，充满了质朴自然的特色，摆放整齐的餐具更突出了屋主精致细腻的内心。

569

570

569

藤条编织的餐椅

餐椅的设计自然舒适，在黄色窗帘的衬托下，整个空间的氛围显得热情活泼。餐椅使用藤条编织而成，造型活泼甜美；洁白如玉的瓷器和玻璃杯使空间有种华丽的气质。

570

甜美纯净的餐厨空间

带有红色图案的白色窗帘甜美可爱，明亮的窗户和绿色的植物为空间带来了不少光感和灵气；白色的橱柜显得纯净明亮，餐椅上的水果图案活泼可爱。

571

自然温润的餐厅格调

黄色的编织餐椅在绿色的植物的映衬下，充满了自然清新的格调；铜艺储物架上摆放的酒杯、相框、瓷瓶等，体现了屋主个人的生活特点和喜好。

572

古朴清新的餐厨

咖色的墙壁透露出含蓄、低调的气质，能够衬托白色的橱柜高雅的气质；卡其色的餐桌使用咖色大理石台面，在黑色餐椅的搭配下，既有复古气质，又充满了时尚的气息。

573

橘红色橱柜的餐厨

白色的餐桌上摆放着餐垫和水果，安静而雅致；黑色的餐椅与白色的桌布形成鲜明的对比；橘色的橱柜使用灰色的台面，充满了时尚气息；实木色的防滑地砖协调了两边的空间氛围。

574

时尚混搭的餐厅

深红色的墙壁搭配白色的家具和玻璃柜，为空间营造了时尚、典雅的气氛，黄色的实木餐桌椅使空间内容丰富而热闹。

575

特殊工艺的玻璃餐椅

采用特殊工艺制作而成的餐椅，质感晶莹透明、造型精美，具有强烈的现代艺术气息；白色实木餐桌上摆放的水果鲜亮动人。

576

生活趣味十足的餐厨

橘色的橱柜在灯光的照射下显得十分华丽复古，粉色的墙壁装饰衬托出空间亲切自然的格调，厨台上摆放的蒸锅、大蒜、透明碟子里的食物等充满了生活趣味，亲切感十足。

577

富有特色的创意顶棚

整个空间明亮、开阔，橘黄色的餐桌椅营造了活泼的气氛；墙壁上的装饰画使空间的艺术气息浓厚起来。

578

休闲风格的餐厅环境

为了打造居家的休闲风格，在设计中使用模板材质来装饰墙壁，为空间整体上营造了浪漫温馨舒适的气氛。

579

自由欢快的餐厨空间

白色的橱柜造型简单，在深棕色地板的对比下显得洁白纯净；黑色的餐椅灵动欢快，搭配红色水果、餐巾布更显活泼。

580

斑驳的黄色地毯

黑色餐桌椅造型大气雄浑，是传统的中式造型；红色的橱柜和时尚的高脚餐椅带有一丝华丽的色彩；最具特色的是有树影般肌理的地毯，这与餐桌椅的风格一致成为空间时尚古典的统一体。

583

中式古典与现代时尚的混搭

不锈钢抽油烟机的金属光泽，传递了空间现代时尚的气息；中式古典的餐椅设计大气简约，与时尚华丽的餐厨空间相融合；大理石材质的桌台拥有华丽、自然的漂亮肌理。

581

温馨高雅的空间格调

淡黄色的橱柜和餐桌椅的装饰风格一致，将空间装扮得温馨而高雅，个性纹样的墙壁装饰为墙壁营造了朦胧通透的视觉效果，增加了空间的灵动感。

582

实木与时尚材质的装点

本空间的装点既有古朴特色的实木餐桌，又融合了金属质感时尚别致的灶具，同时还有经典的黑白色棋盘格的墙壁装饰，众多风格的融合构造了一个另类新颖的餐厨环境。

584

585

586

584

淳朴与灵秀之美

实木的天然质感和肌理，散发着淡淡的亲切温馨感，同时还流露着朴素的美；白色的吊灯带有波纹状的小黑边，自有一种灵秀之气；带有蓝色条纹的白桌布，为空间营造了浪漫气氛。

585

米色壁纸装点的橱柜

深红色与米色组合搭配的柜子看起来高雅而时尚；橘黄色的小壁灯打在米色的壁纸上，有种温馨感；厨台上的各式餐具和厨具充满了生活气息，屋主也比较喜欢使用不锈钢物品。

586

精心打造的餐厨灯光

在白色调的空间里，空间的层次感是最容易让人忽视的一点，在这个方案设计中，设计师从不同角度布置了灯光，从而使空间的层次划分鲜明。

587

中西结合的餐厅布置

本案的餐厅设计高阔明朗，这主要是得益于房屋的建筑结构高大、阔气；空间的装饰贯通中西，地毯的布置带有明显的中式风格，餐桌椅和吊灯则是华丽的欧式风格。

587

海螺沙滩的橱柜装饰

黄色的橱柜搭配海螺图案的装饰，带给空间很特别的美感，使空间充满自然温馨的氛围；天然材料的地砖质地坚硬，在黄色橱柜的映衬下温润华美，与整个空间融为一体、浑然天成。

白色柜子的玻璃门

白色的橱柜在深红色餐椅和棕色地板的衬托下，更加洁白鲜亮；窗户两边带有玻璃门的白色小柜子显得可爱、精巧。

590

黄色休闲椅的餐厅

在黄色休闲椅的点缀下，整个空间的气氛放松而宁静，深红色的水果和焦黄色的水果盘丰富了空间的色彩；墙上的抽象画作，为空间增添了艺术气息。

591

地砖像是铺设的一块地毯

在这个空间设计中，最有趣的是地砖的铺设，镂空花边效果的地砖如同是屋主铺在地板上的地毯，给人造成视觉假象。

592
红色墙面的古镜设计
红色的墙壁搭配白色的顶棚和华丽的吊灯，使空间充满了华丽感；中式古典家具和餐椅典雅、秀丽，古镜的设计充满了古典意味。

593
休闲时尚的美好空间
黄色和红色的碰撞使空间极具时尚气息，充满现代感的餐椅造型独特巧妙；实木地板与藤条编织的小篮子，在这个时尚的撞色空间里，散发着休闲、放松的气质。

594
精雕细琢的中式餐桌椅
整个空间布置开阔、明亮，粉蓝色的墙壁和白色的水晶吊灯相搭配，有种浪漫自由的气息；中式红木餐桌椅，质地优良、做工精致细腻，彰显其磅礴之气。

597

优雅格调的餐厨

在纯净温馨的空间里，黑色的中式餐椅搭配红色的椅垫，时尚而优雅；黄色的大理石餐台在灯光的照射下，发出华丽透亮的光彩，尽显空间优雅的格调。

595

日式餐具的餐厅

在红色实木餐桌上摆放着日式餐具，绿色植物和枚红色的餐布对比鲜明，使空间产生了跃动感，黑色的餐椅和碗发出柔亮的光泽，显得低调、含蓄。

596

五彩斑斓的地砖设计

在这个空间设计中，地砖的颜色非常绚烂缤纷，如同彩色插画里的场景；暖黄色的厨台优雅安静，不锈钢餐具散发出亮丽的金属光泽，反映了屋主时尚怀旧的心理特点。

混搭色彩的装饰画

餐桌的设计大气庄重，配合竹制藤椅略有放松感，华丽的台灯为空间带来了温馨时尚感；色彩混搭的手工装饰画丰富了空间的色彩和氛围。

藤椅的华丽情调

靠窗的餐厅空间明亮而通透。黑色餐桌搭配自然色的藤条编织餐椅经典时尚，精致浪漫的餐具华丽感十足。

餐厅的布置匠心独运

在带有壁炉的餐厅里就餐，炉火的装饰拉近了人与自然的距离，而且能使家庭的和谐、温馨感更加浓厚、强烈。